人的性格特征决定其人际关系、婚姻选择、生活状态、职业选择以及事业成败等各个层面，
根本上决定其一生的命运。

[双色版]

女人受用一生的性格课

每个女人都有自己隐藏的精华，

和任何别人的精华不同，
它使女人具有自己的气味，

它就是性格。

了解并发掘性格的潜能 运用性格优势锻造自我

郑一◎编著

克服性格中的劣势，发挥性格中的优势。

运用性格的力量，

彻底改变你的人生。

中国纺织出版社

内 容 提 要

性格是决定女人命运的重要因素,性格的好坏直接影响到女人婚姻是否美满、事业是否顺利和生活是否幸福。发掘性格的潜能、运用性格的优势可以影响女人生活的各个层面和人生走向。好性格是女人幸福一生的积极推动力,女人的性格越好,社交能力越强,人际关系越融洽,收获的幸福感也越强。本书从女人如何认识、了解和看透性格入手,深入具体地分析了性格的内涵、特征以及对命运的影响,分别探讨女人的性格与自身魅力、处世、婚姻、健康、职业等的关系,帮助女人揭开性格神秘的面纱,把握性格的脉络,完善自我,踏上人生的幸福之路。

图书在版编目(CIP)数据

女人受用一生的性格课 : 双色版 / 郑一编著. —北京:中国纺织出版社,2016.8 (2017.9重印)

ISBN 978-7-5180-2327-1

Ⅰ.女… Ⅱ.郑… Ⅲ.女性—性格—通俗读物 Ⅳ.①B848.6-49

中国版本图书馆 CIP 数据核字(2016)第 023800 号

责任编辑:闫 星　　　责任印制:储志伟

中国纺织出版社出版发行

地址:北京市朝阳区百子湾东里 A407 号楼　邮政编码:100124

销售电话:010—67004422　传真:010—87155801

http://www.c-textilep.com

E-mail:faxing@c-textilep.com

中国纺织出版社天猫旗舰店

官方微博 http://weibo.com/2119887771

三河市延风印装有限公司印刷　　各地新华书店经销

2016 年 8 月第 1 版　　2017年9月第2次印刷

开本:710×1000　1/16　印张:17

字数:250 千字　定价:36.80 元

序 言
Preface

大千世界，芸芸众生，为什么你的闺中密友或眼中死敌春风得意、笑傲职场，而你却黯然神伤、连遭厄运？为什么有的女人财运亨通，连连高升，有的女人却一贫如洗，生活困苦？除去其他外部原因，性格的不同正是导致每个女人拥有不同命运的重要原因。就如瑞士著名心理学家、分析心理学的创始人荣格说的那样："性格决定命运——播下一种行动，将收获一种习惯；播下一种习惯，你将收获一种性格；播下一种性格，你将收获一种命运。"

哲人赫拉克利特说："一个人的性格就是他的命运。"这句话包含两层含义：一是对于每个人来说，性格是与生俱来、伴随终生的，永远不可摆脱，如同不可摆脱命运一样；二是性格决定一个人的命运，且自始至终潜移默化地塑造着一个人的命运。

心理学家认为，性格是在对人、对事的态度和行为方式上所表现出来的心理特点，如刚强、懦弱、粗暴等。现代心理学把人的性格差异概括为能力、气质和个性三个方面。不同的能力、气质、个性的独特结合，就构成了一个人不同于他人的心理风貌和品格，即性格。例如，有些女人多才多艺，样样精通，也有些女人能说会道，思维敏捷，这是人的性格在能力方面的表现；有些女人寡言少语、冷若冰霜，有些女人则开朗健谈、优雅迷人，这是性格差异在气质方面的表现；有些女人在待人接物中，表现得谦虚礼貌、不卑不亢，而另外一些人则显得轻浮急躁、虚伪狡猾，这是性格差异在个性方面的表现。

性格是驾驭命运航船的舵手，性格是天使也是魔鬼。生活中的诸多矛盾和冲突皆源于我们的性格。性格不仅影响着女人的行为方式和生活习惯，还对能力的形成和发展起重要作用。

性格影响女人的一生，良好的性格能将女人推向成功的彼岸，糟糕的性格能使女人坠入暗礁险滩。因此，一个女人要想活得从容洒脱，活得幸福安宁，不仅需要秀美靓丽的外表，需要乐观积极的心态，更需要良好的性格。良好的性格是女人幸福一生不可或缺的条件。女人的命运并非上天注定，女人的性格也并不是与生俱来的，而是后天塑造的，需要通过完善才能达到完美。性格是女人采自林中的璞玉，只要用心打磨，便能熠熠生辉。

心理学家说，看一个女人，看她的性格就可以了。世界上最难捉摸的是女人，最难了解的也是女人，多种多样的性格，造就了千姿百态的女人，要真正读懂自己，读懂他人，就先要弄懂性格。性格决定命运，但在性格面前，女人不能做俯首称臣的被动者。性格可以培养，也可以慢慢完善。为了让女性朋友进一步了解自己的性格，掌握自己的命运，本书从如何认识、了解和看透性格入手，深入具体地分析了性格的内涵、特征以及对命运的影响，分别探讨女人的性格与自身魅力、处世、婚姻、健康、职业等的关系，帮女人揭开性格神秘的面纱。希望所有女人都能认识到：女人一生的结局是悲剧还是喜剧，关键在于自己拥有怎样的性格。

命运也许是不可抗拒的，但性格却是可以改变的。女人只有牢牢把握自己的性格，才能牢牢掌握自己的命运，才会获得顺风顺水的好人生。

编著者

2015年3月

目录
Content

上篇：徜徉于异彩纷呈的性格花园

Chapter 1 好命女人，揭开性格的神秘面纱

每个女人都希望自己能有一个美好的命运，她们希望自己能拥有健康、快乐、亲情、爱情、友情等。能否心想事成，女人自身的性格起到至关重要的作用。可以说，性格足以决定女人的命运。那么，究竟什么是性格呢？性格有哪些含义？女人要怎么判断性格，怎么利用性格的力量来完善自己呢？这都是女人要了解和掌握的重要问题。那些幸福的女人不仅仅是因为受到命运的眷顾，更因为她们揭开了性格的面纱，懂得如何吸收性格的力量，造福自己。

Chapter 2 聪明女人，学会为自己的性格把脉

性格是与生俱来的，通过后天培养成为每个女人独一无二的标签。有的女人十分自信，因此她做任何事都会力求完美，不会放弃。有些女人性格怯懦，往往想做的事还没做，就已经想失败时该如何收场。可以说，性格是女人追求幸福的重要武器，但很多女人至今

还不了解怎样才能让自己的性格更趋完美。女人要会为自己的性格把脉，要知道如何完善自己的性格，才会帮助自己在以后的人生路上走得平稳、走得长远。

Chapter 3 幸福女人，优化自己的性格资本

性格是女人重要的资本，良好的性格是女人美满一生的保证。然而人无完人，并不是每个女人都天生拥有良好的性格，她们身上或多或少都会存在一些不良性格。这些不良性格会影响女人的行为，破坏女人的事业，因此，女人要不断地优化自己的性格，让自己的性格变得完美。当女人不断优化自己的性格资本时，她的人缘会变得更好，工作进展会更顺利，爽朗的笑声长伴身边，她所期望的完美人生也即将来到。

Chapter 4 睿智女人，洞悉完美人生的性格特质

每个女人都是独一无二的，虽然女人的性格有相似之处，但在具体的表现形式上却是各有千秋。与生俱来的性格，无时无刻不在影响和左右着女人。擅用性格常常使女人一帆风顺，不擅用性格则会引发诸多矛盾和冲突。好事业和好爱人都不会从天上掉下来，好日子更不会凭空变出来。幸福不是靠机会或命运，而是存在于每个人的性格里！性格是一座宝藏，女人要不断地挖掘自己的性格优点，然后不断打磨它，让它越来越光亮。

下篇：快速锤炼幸福人生的优秀性格

Chapter 5 拨开性格的迷雾，修补性格的缺陷

女人的一生似乎冥冥中有一只无形的手在推动着她们前进，这只无形的手不是别的，正是女人的性格。性格的好坏直接影响着女人的心情、人际关系、事业、家庭、生活等各个方面。每个女人都渴望得到良好性格的庇佑，但人无完人，性格中诸多的忧愁、郁闷、悲观等消极性格如人生幸福道路上的拦路虎，只有战胜它们，消灭它们，才能不断完善自己。性格好似一团迷雾，其中隐藏着太多的陷阱和不为人熟悉的角落，女人也要努力看清它、把握它，才能走好自己的人生之路。

Chapter 6 给性格一个好向导，让自己魅力四射

女人是爱美的，每个女人都希望自己的美丽能够散发无尽的魅力。有些女人很爱打扮自己，她们认为美丽的外表是让自己拥有无尽魅力的关键。确实，漂亮的脸庞可以使女人美丽20年，但良好性格散发出的魅力却可以使女人美丽一生。性格是让女人散发无尽魅力的良药，女人要给自己的性格一个好向导，让人生的每一步都在好性格的影响下更加顺利，让自己的思想、修养、行动也能随着性格的完善更加成熟并富有魅力。

Chapter 7　好性格，好处世：女人事事顺心的性格导航仪

现代社会，随着女人受教育程度的提高，生活空间的扩大，社会环境的变化，在与外界不断接触中，女性的自我意识不断觉醒，价值观发生改变，她们不再满足于依附身边的男人，开始学会并且渐渐习惯用一种与男人平等的眼光看待自己和身边的事物。俗话说，“性格决定命运”，当女人拥有积极处世的性格时，她看待生活中的挑战与困难也就会更加积极，女人的命运也会开始向更完美的方向转变。

Chapter 8　好性格，好婚姻：两性和谐相处的性格密码

性格影响着每个人的爱情观和婚姻观，性格相投的两个人，在相处的过程中会减少很多摩擦、争执、猜疑等。恋爱、婚姻是一门两性相处的艺术，恋爱时的交往可以强调个性，注重感觉，在对方的眼里，倔强和固执都是一种美，而在现实的婚姻生活中，则需要理性对待，需要不断完善自己的性格，才能与对方和谐相处。从恋爱走入婚姻，美好的爱情除了身体的吸引，更多是个性的融洽。在婚姻中，没有完美的组合，因此女人要了解婚姻中的多种性格的优缺点，尽量去调整自己的态度和行为，使婚姻和谐美满。

Chapter 9 好性格，好人缘：优秀的个性让女人人见人爱

好性格是女人人际交往的宝贵财富，一个热情、开朗、自信、积极的女人，无疑会受到别人的欢迎，让他人热情地支持她、拥护她，好性格是女人的一种无形的精神力量，能让你发挥自己的才华，取得难以形容的成就感和满足感；好性格是令人称奇的人缘播种机，不论在任何条件下都能让你很好地与他人相处，巧妙地照顾到自己，维护自身的利益。女人有怎样的性格，就有怎样的人缘，就会使自己的人生处在怎样的层次。女人只有不断地完善自己的好性格，才能不断地把自己人生境界向高处延伸，让自己拥有一个多彩的人生。

Chapter 10 好性格，好职业：女人让性格与事业完美结合

性格决定女人的命运表现在诸多方面，性格类型与职业类型的匹配度，往往决定了一个女人职场成功与否。性格具有强大的力量，它决定着你的职场表现，影响着上司对你的看法，左右着你对事物的决断能力。因此，对于在职场打拼的女性来说，了解自己的性格弱点，突出自己的性格优势，做到让自己的性格和事业完美结合，才是傲立职场的长久之计。

上篇：徜徉于异彩纷呈的性格花园

{Chapter 1}

好命女人，揭开性格的神秘面纱

每个女人都希望自己能有一个美好的命运，她们希望自己能拥有健康、快乐、亲情、爱情、友情等。能否心想事成，女人自身的性格起到至关重要的作用。可以说，性格足以决定女人的命运。那么，究竟什么是性格呢？性格有哪些含义？女人要怎么判断性格，怎么利用性格的力量来完善自己呢？这都是女人要了解和掌握的重要问题。那些幸福的女人不仅仅是因为受到命运的眷顾，更因为她们揭开了性格的面纱，懂得如何吸收性格的力量，造福自己。

女人看透性格的真实面目

性格对于女性一生的影响不可低估，性格是改变女人命运的神秘力量，越来越多的女人想尽可能地了解自己的性格，把握性格的力量，改变自己的命运。女人的性格是由千变万化的心理因素组成的，每个女人都有自己独特的性格特点，这需要我们对性格进行更深层次的剖析，了解性格，看透性格。

1. 性格的定义

性格是决定女人命运的关键因素之一，但究竟什么是性格？性格的定义是什么？

心理学家认为，性格具有先天性和不可改变性，它表现在一个人行为处世的道德观、价值观、世界观等。通俗点说，就是一个人在对人、对事的态度上表现出来的心理特点，如理智、坚韧、执着、自信、腼腆等。在日常生活中，女人都会有这样的感觉，有些人的行为举止让人难以忘怀，虽然只见过一面，却给自己留下了深刻的印象。而有些人则相反，也许这些人与你相处的时间还长些，但给你的感觉却是十分平淡，这种感觉体现出的就是不同的人具有不同的性格特点。

古人曾说："吾，十有五，而志于学，三十而立，四十而不惑，五十而知天命，六十而耳顺，七十而从心所欲，不逾矩。”天命指的就是人的命运，“五十而知天命”并不是说古人到了五十岁就能看破天机，知晓自己的命运。古人到五十岁时，由于年纪的增大、经历的积累，遇到事情已经懂得怎样做能得到最好的结果。实际上，古人是在告诫现代女性，要了解自己，把握自己的性格，利用自己的性格去改变自己为人处世的方式，这样才能把握住“天命”，让自己顺心如意。

事实上，每个女人的性格都是天生的，各不相同。虽然每个女人的性格像眼睛的颜色一样很难改变，但它却是可以通过后天的培养来逐步完善的。性格贯穿女人的一生，影响着女人的思考处世方式。好的性格能为女人指引出正确的人生方向，但是女人性格并不是天生就很完美的，需要后天不断塑造。塑造性格的主动权不在命运的手中，而在女人的心中。

在努力塑造完美性格时，女人要先看清自己的性格优点。不是说“热情”“要强”“坦率”的性格就是完美的性格，“平和”“腼腆”“低调”的性格就需要改变，这是片面的想法。每个女人的性格不同，适合自己的才是好性格。外向的女人需要热情、开朗的性格去开创自己的新生活，内向的女人需要平和、低调的性格来充实自己的内心世界。由此可见，不管是哪一种性格都有有利的一面，都能帮助女人改善自己的命运。

2. 性格的内涵

性格具有改变女人命运的力量，越来越多的女人想尽可能地了解自己的性格，把握性格的力量，这需要女人要对性格进行更深层次的剖析，挖掘性格的内涵。了解性格的内涵，能帮助女人理清性格的脉络，更好地把握性格。那么，性格的内涵包含哪些方面呢？

倾向性

女人的性格是由千变万化的心理因素组成的，有的人乐观、开朗，爱与人交流，这是因为这种女人的注意力倾向于外界，而那些安静、低调、不爱说话的女人，则把自己的注意力倾向于内心，这体现出了性格的内涵之一：倾向性。

内心倾向是决定女人性格形成的关键因素之一，女人在形成自己独特性格的过程中，时时刻刻都会表现出对每件事物独有的关注，好静或好动的雏形就此成形。比如说，好动的女孩喜欢在大自然中奔跑，喜欢追逐飞鸟、昆虫，好奇的天性使得她们渴望尽快了解未知的世界。在了解的过程中，她们不断与人交流，既增长了自身的见识，也锻炼了与人交往的勇气和技巧，这样的孩子长大一定会发展成外向性格的热情女人。

独特性

“心有千千结，人有千千面。人面可相同，性格绝不同。”

从这首小诗中，我们也可看出性格的另一个内涵：独特性。人与人之间可能会有相似的经历，但却绝不会有相同的性格，这就是性格的独特内涵。

军旅题材电视剧《士兵突击》是一部纯男人的戏，但剧中的男兵都各有各的个性。憨厚、执着的许三多，聪明、自私的成才，善良、宽容的史今，火暴、率真的高成，他们各有各的性格，各有各的作风，谱写出一曲饱含血泪的军营之歌。这就是性格的独特性内涵，它使每个人都有各自的特点和魅力。

复杂性

女人的性格不是单一的，来自现实生活的复杂性和矛盾性使女人很难判断自己的性格。外向和内向的界限在哪里？执着和固执要如何区分？也许只有在深刻剖析自己的内心世界后，女人才能得出一个关于自己性格的结论，这就是性格的复杂性内涵。

小叶和小云是一对好朋友，小叶平时喜欢大声说话，和朋友聊起天来眉飞色舞。小云话不多，也不像小叶那般热闹，多数时候她不挑起话题，而是在有感兴趣的话题时才插上几句话。也许有人会因这些简单的表现来认定小叶是外向性格，小云是内向性格。其实事实正相反，性格的复杂性会影响我们的判断。

在人少的时候，小叶十分健谈，可一旦聊天的人多了起来，尤其是有小叶不认识的人加入，小叶的声音就会越来越小，甚至到最后只会窝在角落里光听不说，而小云会因偶尔的插话而开始把握话题的转向，最后和所有的人都聊到一起。小叶是一个伪外向的女孩，她喜欢的是和熟识的朋友在一起的那种安全感，一旦人多起来她就会紧张、拘谨；而小云是个伪内向的女孩，看似安静不说话，一旦聊到感兴趣的话题就会十分热情，她并不在乎是否和聊天的人认识，她关注的是大家对话题的看法。

从小叶、小云的身上我们可以看到，外向、内向的性格特点都可以体现在一个人身上，其他性格特点也是如此。所以，性格并不能简单地凭借一些外部特征来辨别，这种复杂性使得性格显得颇为神秘。

每个人的性格都是不断完善的，女人可以通过自我意识来巩固和加强自己性格中的优点，也可以通过自己的努力来消除性格中的不利因素。女人要灵活利用性格的内涵来了解自己的性格，优化自己的性格。

3. 性格的类型

性格的类型是指由女人性格特征所组成的独特模式。每个女人的独特性格都是由不同的性格特征所组成的，由于社会生活环境和女人思维方式的不同，每个女人的性格组成模式也不尽相同。由于性格内涵中的倾向性、独特性、复杂性的影响，女人的性格类型具体可以分为以下几类。

现实型

现实型性格的女人是现实主义的忠实拥护者，她们不喜欢与复杂的人际关系打交道，而喜欢专心致志地去完成工作或其他目标。她们有毅力、做事很勤奋，考虑问题实际、保守。现实型的女人一般都有些内向，她们不喜欢和陌生人打交道，也缺乏人际沟通的技巧，一旦被推到众人面前，会因不善于表达感情而手足无措。

探索型

探索型性格的女人好奇心十分旺盛，她们对世界充满了好奇，因此会十分热情地去了解未知世界，对于一些无法合理解释的现象，她们一般都会持批判态度，不会轻易相信任何解释，因此会给人多疑、不友善的感觉。探索型的女人喜欢独立解决问题，她们讨厌被规矩束缚，更加无法接受传统的价值观。但是她们的能力是非常强的，她们在处理问题的时候条理清晰、目标明确，面对难题经常会有新想法，唯一的缺点就是缺乏人际间的沟通能力。

艺术型

艺术型性格的女人灵感十足，她们善于与人交流，喜欢表达自己。这种性格的女人十分热情，但有些冲动，总是凭着自己的主观想法去做事，不考虑前因后果。她们的天真、善良使得她们很容易相信别人，并容易得到别人的信任。但是工作中的情绪化使得她们总是会选择逃避压力。艺术型女人的思维世界是十分宽广的，她们的思想总是天马行空，不受拘束，高超的人际沟通能力使得她们能很好地展示自我，她们希望得到众人的赞赏，但脆弱的心理承受力使得她们很害怕受到批评。

社会型

社会型性格的女人给人的印象最好，她们待人友善、热心，责任心强。而且具有非凡的说服力，喜欢扮演帮助别人的角色，十分享受在团体中的感觉。这种女人的性格十分感性，喜欢探讨人生、伦理等哲学问题。她们喜欢一切有生命的事物，不喜欢严谨、重复的工作和生活。她们是乐天派的代表，能够融洽地融入一个新集体中，给人留下宽容、仁慈的印象。

管理型

管理型性格的女人渴望权力、力量，她们的个性很强，自主意识也很强，总是力求使别人接受她的支配、安排。由于这种性格的女人通常喜欢追求权力、地位，因此在待人处世时十分圆滑。有些过于追求名利、目的太明显的管理型性格的女人，会因为没有把工作做细致而被认为势力、自私。大部分管理型性格的女人是人际关系中的天才，她们具有劝说、调配人的才能，并且头脑清楚、思维敏捷，是一个团队中的领导人选。

4. 利用性格的力量

女人了解性格的定义、内涵、类型，无非是想更清楚自己和他人的性格特点，这样能在以后的人际交往中帮女人摸清对方的性格，更好地与之相处。所谓“知己知彼，百战不殆”，女人只有充分利用性格的力量，才能更好地与人相处，避免触及对方性格中的“雷区”。

与活泼型性格的人相处

活泼型的人是善意的、热情的，他们充满了好奇，脑子里有很多新奇的点子等待实现。这种性格的人不甘寂寞，喜欢追求刺激，与他在一起时你永远都不会觉得无聊，所以，当你需要改变暗淡无光的生活时，你可以多和活泼型人交往，相信他的热情能帮你打发无聊的时光。

在工作中，活泼型性格的人并不是完美的，他们十分感性，因此不喜欢从事平淡、枯燥的工作，他们在热情、快乐的工作氛围中能有绝佳的表现。一旦事情超出他们的能力，他们会下意识地选择逃避，这时最好的办法就是肯定他们的努力。事实上，对活泼型性格的人来说，表扬是对他们付出的肯定，是他们努力做事的动力。夸奖能激发他们努力工作的信心，打消逃避的念头。

在生活中，活泼型性格的人因为感性、好奇的天性而十分喜欢尝试新事物，再加上性格中的善良因素，使得他们很难去拒绝别人。他们会因为太过投入而让自己忙得焦头烂额，等到最后负荷过大时，干脆逃避开，留下一堆难以收拾的烂摊子。

了解了活泼型性格的特点，女人就能更好地与之相处。这一类型性格的人总是随性所至，如果我们与这种人打交道，一定要包容他偶尔的孩子气，给他作好规划，帮他拒绝一部分浪费精力的事情。活泼型的人总是精力十足，有时候喜欢开一些玩笑，但他们并不是存心捉弄别人。了解了这几点，欣赏活泼型性格人的快乐，我们可以与他们相处得更好。

与力量型性格的人相处

力量型性格的人个性很强，他们是天生的领导者，他们喜欢掌握权力和地位，天生的领导欲使得他们总是走在团队的前列，理所当然地发号施令。这一类型的人个性十分积极，是生活中的强者，当你了解他们的个性，就会明白他们指挥你做这做那是性格使然，而不是故意侮辱你、操纵你。

力量型的人并不是强迫别人按他的想法去行事，他们只是顺其自然地自封为领导者，如果没有反抗的声音，他就会一直领导下去。直率的性格使得他们不会委婉地表达他们的想法。这种不考虑别人想法的做法总是会刺伤别人的心，强势的做事风格也会引起他人的不满。

在生活中，力量型的人十分实际，他们没有泛滥的同情心，他们眼中只会有自己亟待实现的目标，为了这一目标而倾尽全力去努力。

要想与力量型性格的人打交道，女人也要先充满力量，否则你根本得不到他们的注意。力量型的人办事总是直来直去、雷厉风行，所以，女人在和他们合作时，一定要事先考虑周详，在商谈中有理有据地提出自己的建议，并坚定地要求执行。

力量型的人很快就能看清双方的建议哪个更利于实行，他们会因为你坚定的信心而钦佩你、信任你，在之后的工作和生活中也询问你的意见，不再独断专行。相反，如果你没有坚定自己信念的信心，任由力量型的人发号施令，那他就会一直理所应当地使唤下去。

与平和型性格的人相处

平和型的人性格随和，是最受欢迎的性格之一。他们的恬淡、沉稳的个性使得他们拥有很好的人际关系，很多人都羡慕他们这种从容不迫的气度，遇到麻烦事不气不恼，淡然处之。

但现实的社会不允许这种性格的人做隐者，他们每天还要奔波于工作、生活之中，这时他们性格中的弱点就暴露出来——没有主见。

平和型性格的人之所以处世这么低调，是因为他们没有强烈的追求目标，人一旦没有了目标也就没有了动力，这样做起事来就不会冲劲十足。而且为了避免人与人之间的冲突，平和型性格的人一般不作任何决定，他们总是走别人为他选好的路，生活中的抉择都让别人帮他作出，这种做法剥夺了他们的主观性，使得他们越来越没有主见。

平和型的人并不是没有能力，他们只是不会主动去承担责任。哪怕他拥有很好的人际关系、先进的管理理念，他也不会走上管理者的岗位，因为他担心自己的观念会被人否定、担心自己做不出优秀的成绩，这种杞人忧天的性格使得他们错失了很多事业良机。

女人与这种性格的人打交道，一定要强势一些，做他们的主心骨，鼓励、支持他们去实现自己的想法。给予他们作决定的权利，并帮助他们坚定信心。平和型性格的人是制造和平气氛的天才领导,他们自身的魅力能迅速吸引人气,把人们凝聚成一个团结的集体,但他们害怕承担责任,一旦别人对他的想法、做法抱怀疑态度,他不会拼命证明自己的能力,而是很容易就放弃、逃避。所以,我们要鼓励他们去承担责任,在他们不自信的时候支持他们、鼓励他们。如果没有人重视平和型性格的人的能力,那么他就会变成一个大包袱,让整个集体都沉重起来。我们需要做的,只是给予他信任和鼓励。

与个性不合的人相处

性格种类繁多,使得女人不能一一弄懂如何与之相处。每种性格的人都会遇到与自己性格不合的人,如果因为合不来就冷言冷语相待的话,那人际关系永远也不会有好转。因此,女人也要知道怎么和性格不合的人相处。

性格不合最基本的表现是,你们缺少共同的话题,你可以和别人谈笑风生,但是总有一种人让你觉得提不起谈话的兴趣,有时还会因一些分歧而发生争执。女人若强迫自己接受性格不合的人,生理上会有很强烈的排斥反应。久而久之,会让自己的内心疲乏不堪,甚至会扩展到其他方面。

为了避免这种情况恶化,女人要学会“化敌为友”。世界上没有人希望敌人多过朋友,事物都是一体两面的,性格不合的原因在双方身上。通常都是因为对方身上的某些言行举止让自己看不过去,才会引发矛盾。因此,对方看不顺眼我们,想必也是因为我们身上存有某些缺点。女人要去了解对方的性格,看看是否是自己的某些做法让对方不赞同,比如讨论对方的私事、背后议论别人或不守时等小毛病。我们不能要求别人去改正身上的缺点,那我们就从自身做起,少做会令对方讨厌的事。相信对方看到我们身上的改变,也会去主动改正自己的不足。这样就能顺利地“化敌为友”,优化我们的人际关系。

女人为自己的性格会诊

清楚地了解自己的性格类型和性格优缺点，女性朋友们才能利用性格的力量完善自己，获得美好的人生。下面几个简单的小测试，对你知道自己是何种性格的女人有很大的帮助，还等什么，快开始吧。

性格小测试一：看你是何种性格的女人

1. 你认为你是一个有个性、有自己的思想及主见的人吗？

是（请回答问题2）

否（请回答问题8）

2. 你更喜欢星形还是心形的项链呢？

星形（请回答问题3）

心形（请回答问题9）

3. 你喜欢玩洋娃娃或机器人吗？

喜欢（请回答问题11）

不喜欢（请回答问题4）

4. 你对中国的传统服饰有兴趣吗？

有兴趣（请回答问题11）

没有太大兴趣（请回答问题5）

5. 你的衣柜里有红色的衣服吗？

有(请回答问题6)

没有(请回答问题12)

6. 你愿意申请一份需要工作经验的职位吗?

愿意(请回答问题7)

不愿意(请回答问题13)

7. 你受到朋友的欢迎,是否因为你是一个可靠的人呢?

是(你属于A型)

否(你属于B型)

8. 你是短头发吗?

是(请回答问题2)

否(请回答问题15)

9. 你是否觉得你的肤色不够白皙呢?

是(请回答问题3)

否(请回答问题16)

10. 请从下列两种花中选择你较喜欢的一种:

向日葵(请回答问题14)

野菊花(请回答问题11)

11. 你是否是一个有责任心的学生或职员呢?

是(请回答问题5)

否(请回答问题17)

12. 你最近对手工艺有兴趣吗?

有兴趣(请回答问题18)

没有兴趣(请回答问题6)

13. 你认为你是一个亲切、友善的人吗?

是（请回答问题 7）

否（请回答问题 19）

14. 你介意与一群异性朋友睡在同一张床上吗？

介意（请回答问题 20）

不介意（你属于 A 型）

15. 运动是否是你主要的业/课余活动呢？

是（请回答问题 9）

否（请回答问题 21）

16. 你对理科有兴趣吗？

有兴趣（请回答问题 10）

没有兴趣（请回答问题 22）

17. 请从下列两种颜色中选择你较喜欢的一种：

橙/橘色（请回答问题 12）

红色（请回答问题 24）

18. 你较喜欢山还是海洋呢？

山（请回答问题 13）

海洋（请回答问题 25）

19. 你会忌妒比你出色的人吗？

会（请回答问题 14）

不会（请回答问题 26）

20. 你介意在公众场所大笑或大声谈话吗？

介意（你属于 C 型）

不介意（你属于 B 型）

21. 你会经常收拾你的房间吗？

会(请回答问题16)

不会(请回答问题28)

22. 你喜欢看体育节目吗?

喜欢(请回答问题23)

不喜欢(请回答问题29)

23. 你认为纯友谊关系能够在异性朋友之间存在吗?

能够(请回答问题17)

不能够(请回答问题10)

24. 你想学习烹饪吗?

想(请回答问题18)

不想(请回答问题31)

25. 你对互联网有兴趣吗?

有兴趣(请回答问题19)

没有太大兴趣(请回答问题32)

26. 你较喜欢下列哪一种性格的人呢?

运动型(请回答问题20)

成熟型(请回答问题39)

27. 你喜欢穿着及炫耀名牌时装吗?

喜欢(你属于B型)

不喜欢(你属于D型)

28. 你较喜欢狗还是猫呢?

狗(请回答问题22)

猫(请回答问题34)

29. 你通常会携带香水上街吗?

会(请回答问题30)

不会(请回答问题35)

30. 你较喜欢太阳还是月亮呢?

月亮(请回答问题23)

太阳(请回答问题24)

31. 你经常改变你的发型吗?

是(请回答问题25)

否(请回答问题37)

32. 服务其他人令你觉得很忙碌吗?

是(请回答问题26)

否(请回答问题38)

33. 你通常保持整齐的头发吗?

是(请回答问题27)

否(你属于C型)

34. 你有烹饪恐惧症吗?

有(请回答问题29)

没有(请回答问题35)

35. 你是否拥有很多装饰品呢?

是(请回答问题36)

否(请回答问题37)

36. 你喜欢在假期或节日期间购物吗?

喜欢(请回答问题37)

不喜欢(请回答问题31)

37. 将来你希望制造雕像吗?

希望(请回答问题32)

不希望（请回答问题38）

38. 你十分挑剔内衣裤的款式吗?

是（请回答问题40）

否（请回答问题39）

39. 你对制造手工艺有兴趣吗?

有兴趣(请回答问题33)

没有兴趣（请回答问题27）

40. 你是一个追随时装潮流的人吗?

是（你属于C型）

否（你属于D型）

A型:单纯外向型

A型的你是一个外向、乐观的女人。虽然你也有遭遇挫折而失败的时候,但性格开朗的你很快便会振作起来。朋友们都很喜欢你亲切、友善的性格,虽然你不懂得表达自己的感情,但宽容、慷慨的性格仍然让你大受欢迎。同性朋友很难了解你,因为你性格十分天真、单纯,但这正是你吸引异性的性格特点。

B型:艺术家型

B型的你具有艺术家的感性气质,你的性格友善,总是会关怀、照顾周围的人,因此总是令朋友们觉得你是他们的大姐姐,朋友们都很信任你,他们觉得与你聊天很舒服并且是一种乐趣,通常一些年纪比你小而且感情脆弱的异性都会受你吸引。

C型:小鸟依人型

C 型的你是一个依赖性很强的人，你的性格缺乏主见，因此异性朋友总是觉得你是他们的小妹妹。在四个类型之中，你是最适合结婚的一类。你性格中的聪明、机灵能成功地占据配偶空闲的时间。在聚会中，你总希望你是众人的焦点，因此朋友们都热心地保护及照顾你。

D 型：迷人吸引型

在四个类型之中，D 型的你是最性感的一类。妩媚迷人的你很受朋友们欢迎，可是，朋友们往往只是宠爱你的外貌，并没有去重视你性格中的热情、执着。你不要过分信任异性的甜言蜜语，要多表现出智慧及主见，这样你便能成为一个外在及内在美兼备的人。

性格小测试二：性格决定你的工作类型

题目：有一对男女正在交谈，女孩正在微笑，你认为这位男士说了什么？

1. 你真是面面俱到，而且真聪明
2. 你真是活泼大方
3. 你的品位真好，你总是打扮得漂漂亮亮
4. 你真是温柔呀

(1) 选“你真是面面俱到，而且真聪明”

热情、感动型——你是一个能明白地表示自己好恶的人，你的性格十分直爽，因此从不忌讳谈论自己的情感，所以在别人眼中你是个充满热情的女人。对于自己渴望的事物会积极努力地争取，越难达成越想去完成，你不喜欢因循老套的生活方式，若从事自营事业或是自由职业，定能如鱼得水般快乐。

(2) 选“你真是活泼大方”

谨慎、安全型——你的性格很活泼，平常常有不切实际的发言，可是当工作中的事需要作决定时，你又会表现出性格中保守的一面。但是，你会努力完成领导交代的任务，在公司及家中会得到长辈喜爱，绝不会为了自己的意见去反抗长辈。

(3)选“你的品位真好，你总是打扮得漂漂亮亮”

反抗、叛逆型——当你被人指使去做某项工作时，不愿意好好去完成。你的性格热情，不喜欢被束缚，非常讨厌大众化。你在工作上非常有创造力，对于自己认为对的事，绝不轻易放弃，会战斗到底。

(4)选“你真是温柔呀”

知性型——你理智、冷静的性格可能会被朋友认为是一个非常冷酷、无情的人，因为你对任何事都很少有反应过度的表现。因为当你遇到事情时，通常都会以各种角度去分析、整理，再作决定，也不会被感情左右判断，很适合从事教师工作或司法行政相关工作。

性格小测试三：测验你的恋爱性格

1. **你对目前自己的身材满不满意？**

满意（请回答问题2）

不满意（请回答问题4）

2. **你在选购内衣时首先考虑的条件是什么？**

颜色、款式等（请回答问题3）

穿着时带来的舒适感（请回答问题5）

3. **你最欣赏哪个女明星的穿衣风格？**

梁咏琪（属于A型）

刘嘉玲（属于B型）

蓝心湄(请回答问题6)

4. 你最在意自己身体的哪一部位?

臀部或腹部(请回答问题7)

胸部(请回答问题8)

5. 你最喜欢的内衣风格是?

胸罩与内衣分开的两件式(请回答问题9)

连身衬裙或连身束衣(请回答问题3)

6. 你觉得理想中的女人形象应该是?

散发十足的女人味(请回答问题9)

独立自主的中性美(属于C型)

7. 你最想使自己的下半身发生的改变是?

浑圆翘挺的臀部(请回答问题10)

修长的大腿(请回答问题8)

8. 你认为理想中自己的胸部要?

越大越好(请回答问题11)

虽然小,但够坚挺集中也不错(请回答问题5)

9. 你比较喜欢哪一种内衣材质?

有光泽感的缎面(请回答问题11)

棉质(属于C型)

10. 你有穿过束裤的经验吗?

有(请回答问题11)

没有(请回答问题8)

11. 如果你现在想塑身,会选择哪一种方式?

靠调整型内衣裤较方便快速(属于D型)

通过节食或运动渐渐达成(属于C型)

A型:清秀俏丽的少女情怀

你是个性格开朗的人,你喜欢在轻松欢愉的气氛中与人相处。你的性格有时有些迷糊,掉东落西。但你是个对爱情充满罗曼蒂克想象的女子,在情爱的世界中,你渴望轰轰烈烈、刻骨铭心的恋爱。

你很容易被幽默或是高大帅气的男生吸引,产生情愫,激起爱的火花。你有时会有孩子气,而他本身的个性也不是非常稳定,但是,他会强装成熟稳重,给你厚实的肩膀,以安抚你的心。

B型:女人味的妩媚风情

你的性格很直率,认为装扮得成熟妩媚就会很有女人味,所以你本身也是朝着这个方向在前进,因此,你给人的外在印象大都是温柔、娇嫩的。

你的性格很温柔,又有些脆弱,用"等爱的女人"来形容你一点也不足为奇,你打从心里渴望有个能让自己完全依赖、撒娇,并且可以百分之百信任的人。

当你遇到了工作表现强、生活品位高、充满自信的男人,恐怕就遇上了你的爱情舵手。尤其是你那若即若离、忽近忽远的爱情招数,更是令他难以招架。你不自觉表现出来的善良体贴,会让他对你怜爱有加,你偶尔表现出性格中的精明能干,也会令他对你着迷不已。

C型:自然简单的真女人

"舒服"是你最重视的穿衣感觉,你随性的性格使你比较不在乎他人的眼光,你喜欢完全过自己想过的生活,享受安宁的日子,这绝对不表示你是性格叛逆或难相处的人。

你的性格像阳光般开朗,对自己的期许很高,一直不断地努力实现自己的梦想，"执着"可以说是你这一生的座右铭。当你遇见外表花心的男子时，先不要以貌取人。你那率真的性格是他无法抗拒的魅力，和这种人相处你一定要记得一个原则，当你越想抓住他，他会越想逃开，当你不理会他时，他却深深地被你套牢。

D型：性感女神

你很在意你的身材，尤其是胸部，外表时髦的你，总觉得自己充满信心，其实你并不如外在看起来那么自信满满，你的性格有些自卑，例如觉得工作努力不够，怕年纪大了会变丑等。

你的性格有些矛盾，无法很果断地作出一个决定。在你内心深处最期待的情人是个有自信，能打从心里真正肯定你，同时不忘赞美、鼓励你的男人。在他的鼓励下，你的自信心大增，也能激发出隐藏在你性格中不为人知的热情。

他是个对自己非常有自信且自我意识又强的男人，而你那犹豫不决的性格和不安的情绪会让他充满了想征服你的欲望，而他对你的赞美和鼓励，也会让你毫无疑虑地释放热情。他的性格正好完全融化了你，你们在这互相依赖的情感中很快就会激起爱的火花。

Chapter 2

聪明女人，学会为自己的性格把脉

性格是与生俱来的，通过后天培养成为每个女人独一无二的标签。有的女人十分自信，因此她做任何事都会力求完美，不会放弃。有些女人性格怯懦，往往想做的事还没做，就已经想失败时该如何收场。可以说，性格是女人追求幸福的重要武器，但很多女人至今还不了解怎样才能让自己的性格更趋完美。女人要会为自己的性格把脉，要知道如何完善自己的性格，才会帮助自己在以后的人生路上走得平稳、走得长远。

女人要清楚自己的性格

对于每个女人来说，性格是一笔巨大的财富，因此，每个女人都要清楚自己的性格，正确发挥出自己的性格优势来帮助自己获得成功。

从前，在一个小村庄，住着一个很想发大财的女人，她经营着一家小客栈，客栈的生意并不好，所以她一直没有积累下很多金钱。一天，一个珠宝商人前来投宿，她很热情地和珠宝商人攀谈，聊天时，她问："你那些昂贵的玉石首饰是从哪里弄来的？"

商人："从南方的山上挖下的，买了石头后切开加工而成的。"

她又问："买一块石头很贵吗？像这么大的石头要多少钱？"她指着后院一个被当作石桌的大石头问。

商人笑笑说："石头不贵，这么一块也就一餐饭钱，不过要是切开后都是上等翡翠的话就发财了，这要看你有没有慧眼啊。"

第二天，商人拜别了继续去南方收购他的玉石去了，她却激动得睡不着觉，她草草地卖了自己的客栈，拿着所有的钱去了南方，希望能够买到一块上等的玉料原石，以此发家。

过了几个月，珠宝商人又路过这家客栈，在和新老板闲聊时，突然他注视着盆景里的一块石头，两眼发亮。商人拿起这块毫不起眼的石头，问新老板这块石头是从哪里来的。新老板说，后院的那个石桌前几日不小心被东西砸了一下，掉下来一小块，看着颜色还不错，就摆在这里当盆景了。

商人十分惊讶，用随身带着的工具切开了这块小石头，里面竟然是上等的翡翠，接着，新老板切开了后院的那个石桌，里面全都是翡翠。商人用相当于客栈的十倍价钱买走了这块玉石。而那个一心想买石头发家的老女人，盘缠花光了也没有买到一块好玉石，最后不得不沿路乞讨回到家乡，当她知道自家不起眼的石桌卖了个天价时，哭闹不停，后悔不已。

这个故事告诉女人，我们自身的性格就像那块价格不菲的玉石一样，虽然它就在我们身边，但如果我们没有一双慧眼去发现它的话，终究会错过。对于每个女人来说，性格是一笔巨大的财富，它能左右你的思维、行事作风，并决定你会结交什么样的朋友，从事什么性质的工作，最后有一个什么样的人生。因此，每个女人都要清楚自己的性格，正确发挥自己的性格优势以帮助自己获得成功。

每个人的性格不同，每种性格都有自己的优点。但女人怎样才能真正清楚认识自己的性格呢？

首先，女人要通过别人对自己的评价来客观地认识自己。一般来说，他人的评价会比较客观，很多女人自身不能注意到的小细节别人都会看得非常清楚，如果女人对自己的评价与周围人的评价相差不大，这说明女人对自己的性格还是很清楚的，自我认知能力很不错。相反，若周围人给出的评价与女人自己的主观想法不同，那么就要注意了，你还不够了解自己的性格。

当然，对待别人给出的评价女人也要客观地取舍，不是说别人否定自己，自己就真的是一无是处，要知道，用别人的观念束缚自己是错误的。人生的主人是自己，下一步棋如何走关键还是要看女人自己，千万不能为了得到别人口中的“完美”评价而让自己无所适从。

此外，女人要时刻自省，客观而中肯地评价自己，帮助自己克服自身的性格缺陷，净化自己的心灵。当女人能清楚地了解自己的性格时，就更有利于审视自我，使自己的个性心理健康完善。当她能正确发挥自己性格的力量时，她就能在人生的漫漫长路上走得更加稳健。

是什么影响女人的性格

在女人的日常生活中，外在环境给她的影响是很大的。社会风气、家庭生活、所见所闻都会对女人的性格起着潜移默化的作用。

女人的性格主要受两方面的影响：天生与后天成长。其中前者约占30%，后者约占70%。可见，后天的成长环境对女人的性格起了主要作用。一个女人的性格是可以随着年龄的增长和环境的改变而变化的，当然，家庭教育也会成为影响女人性格的决定性因素。不同的环境会造就出不同个性的女人，可是你知道是什么影响了你的性格吗？

一般来说，心态是造就性格的基础。心态是天生的，不过可以是后天培养、改变的。举例来说，一般女孩在小的时候都很胆小、腼腆，遇到陌生人都会害羞地躲到大人身后。随着年龄的增长，阅历的丰富，女孩们慢慢呈现出不同的性格。有些女孩由于一直不敢尝试新鲜事物，很少与陌生人打交道，所以性格有些内向。她们大都表现出沉静、谨慎的性格特征。做一件事她们会深思熟虑，给人感觉十分沉稳，不过缺点就是她们不喜欢接触陌生的人与环境，顾虑很多，人际交往少。

与她们相反的一类女孩属于外向性格的人，这些女孩经常对外部事物表现出极大兴趣，愿意接触各种新鲜的事物，开朗、活泼是她们的性格特征。做事时，外向性格的女孩往往能当机立断，不拘小节，并能很好地融入新环境中。

在女人的日常生活中，外在环境给她的影响是很大的。社会风气、家庭生活、所见所闻都会对女人的性格起着潜移默化的作用。但是我们不禁要思考，为什么环境能影响女人的性格呢？

这是因为人类是一种群居动物，女人生活在一定的环境中，总是希望能得到周围人的认可，因此会逐渐改变自己的行为方式，这种改变并不是凭着女人自己的爱好而改变的，而是为了适应周围环境才重新塑造自己的性格。因此，一个女人的性格往往能反映出她所处环境的地理特点。

我们不得不承认，南方人和北方人不仅身形、容貌差距很大，性格上也是各有千秋。北方女人的性格多表现为豪放、热情、爱开玩笑。以东北女人为代表，那些整日生活在大山之中，在大雪封山的恶劣条件下，依然在努力求生存的女人，认为那些人与人之间的小矛盾根本不值一提，因此，她们的性格十分豁达、开朗。

而到长江以南地区，女人仿佛变得像水一样温柔、柔弱。这是因为我国南方地形受山水的阻隔，条块分割相当严重，平原地区沟壑纵横，山区峰回路转。南方人多在一片土地上精耕细作，再加上湖多、水美、光线好，久而久之，南方女人在丰足的物质条件下，自然养成精打细算、温柔宽厚的性格特点。

造成这些性格差异的最重要原因，在很大程度上与地理环境的不同有直接关系。女人的生存和发展总要有一定的物质作为基础，而地理环境直接影响到这个区域所提供的物质基础。一个区域里的光照、气候、地形、位置、资源等因素决定了女人如何生存，从而也决定了她们如何与人相处，如何理解生活，这些因素都影响到女人性格的形成。

我国北方地区有辽阔的平原，丘陵较少，地势比较平缓，放眼四周，几里以至几十里均能一览无遗，草原上的人们常常是骑着骏马纵情驰骋，唯有豁达爽朗的女人才能与这样的生活相协调。另一方面，北方多干旱，降水少，物产不如南方丰富，生活受到许多限制，女人们惯于过艰苦的生活，因此也就变得十分质朴和敦厚。

相反，南方通常有鱼米之乡的称号。南方的地形通常是大江相伴，与海为邻，气候温暖，土壤肥沃，经济发达。古时就有“苏湖熟，天下足”之说。地理环境的优越，促使南方经济繁荣，人们的生活富足，因而习惯安逸，勤于修养，因此，江南自古多德才兼备的美女。

除了地理环境因素，最重要的就是家庭环境对女人性格的影响了。家庭环境可以从多个方面对性格的形成产生影响。比如家庭的居住环境、父母的关系、父母与孩子的亲密程度、父母的教养方式等。这些因素对性格的影响，在程度上是有差别的，有的直接影响性格的形成。小孩子的启蒙读物《三字经》中有这么一句，“昔孟母，择邻处”，讲的就是家人和环境对人性格的影响。

起初，孟子的家坐落在偏僻的郊区，附近是墓地，城乡的人们经常在那里进行祭祀，请来的巫师、道士经常在那里手舞足蹈地摆出一些祭神除邪的怪动作。年幼好奇的孟子就模仿大人的动作与邻里的小孩一起玩一些类似葬丧的游戏。孟母见儿子整日不注重读书学习而在那里搞一些无聊的游戏，欲禁而不止，心想，在这里住下去必定不会使孩子受到良好的教养，就决计迁居他地落户。

孟母领着孟子从郊外迁居到城郊附近，那里靠近城区，邻近住着几家做屠宰生意的商人，由于儿童具有模仿的禀性，年幼的孟子就模仿大人宰杀之类的动作。孟母担心孩子不能受到良好的环境熏陶，更怕影响孩子的学业，又决计迁居到他地落户。

最后，孟母迁居到一家学馆附近。在这里，年幼的孟子每天见到的全是一些读书知理的现象，听到的都是书声妙语。这对少年的孟子影响很大。从此，孟子发奋笃志，朝夕勤学，终于成了儒家学派著名的学者。

“孟母三迁”的故事流传到今天，是因为家庭环境确实能够影响一个人的性格，家庭是社会的基本生活单位，是社会的细胞。由于父母具有不同的世界观、人生观，不同的文化修养，给予女人的影响也不尽相同。所以，家庭对人的性格形成、特定心理品质的培养等方面都起了十分重要的作用，这是其他方面不可取代的。

你属于哪个“性格家族”

女人的性格总体可以分为几个“性格家族”，每个家族中的性格都各有优劣，发扬优秀性格，克服缺陷性格，可以帮助女人取得工作和生活的双丰收。

人生在世，每个女人都希望自己能拥有幸福的家庭、健康的身体、完美的婚姻、辉煌的事业，但是幸福完满的人生除了离不开机遇与女人自己的努力拼搏，更重要的是要了解自己，即了解自己的性格特点。古话说“知己知彼，方能百战不殆”，了解自己的性格特征才能帮助女人更顺利地战胜外在困难。

有些女人并不了解自己，不知道自己究竟是哪种性格，是内向的还是外向的？是自信还是偏执？其实，女人的性格总体可以分为几个“性格家族”，每个家族中的性格都各有优劣。女人不要担心自己的性格不够完美，因为性格是可以塑造的，当你了解自己性格的优点时，要善于发扬它，而面对有缺点的性格，有针对性地去克服它，这样女人才能在生活和工作的各个方面获得成功。

1. 开朗家族

“开朗家族”的性格特征是开朗、活泼，富有创造力和想象力。这种性格的女人总是喜欢找寻新鲜事物来丰富自己的生活。她们凡事都会看到有希望的一面，在与人交往时也会很热情、主动。很多人喜欢这种性格的女人，因为她们能把平淡的生活变出很多乐趣来。哪怕是打扫卫生这种无聊的工作，开朗家族的女人也会很享受，她们边唱歌边扫地，一边擦玻璃一边摆出时装模特的POSE，一直在笑声中干活，好像很开心的样子，让周围人也深受感染。一般电视节目主持人、司仪都是这种性格的人，她们能用自己的性格特点把现场的气氛搞得很活跃，让更多的人感到快乐，这是“开朗家族”性格中的优点。

但是，如果这种热情、开朗的性格超过了一定限度就会带来反效果，让人反感。比如说，有些女人总是很热情地和周围人攀谈，但她不分时间、地点，也许别人在赶一份很重要的报告，无暇与她闲聊，她却滔滔不绝地说个没完，并自认为对方很喜欢和她聊天。这种盲目的认定使得她越来越自大，慢慢变得以自我为中心，严重的情况下会发展成目中无人、狂妄无理，这是“开朗家族”性格的女人要竭力克服的性格缺点。

2. 谨慎家族

“谨慎家族”的女人通常都是严肃、细心、考虑周详的人。这种性格的女人不像“开朗家族”女人一样凡事总是充满希望，她们不会去追求各种结果不明的新鲜事物。相对于寻求刺激，她们更喜欢脚踏实地地分析自己的现状，为自己的未来制订一个切实可行的计划。许多的思想家、艺术家、工程师、科学家以及策划师等都是这种性格家族的人。

“谨慎家族”的女人看事情总是很全面，她们不会盲目乐观，她们喜欢有条不紊地做事，并力求把事情做好。在分析问题时，她们也会注意各种细节。人们通常与这种性格的人打交道后，对她们的评价多是“老练、沉稳、聪慧”的正面评价。

虽然“谨慎家族”的女人办事可靠、思考周密，但她们也会因想得太多、做得太少而被冠以“光想不做”的帽子。这种性格的女人在思考的过程中，如果有些细节没有想通，谨慎的性格就会促使她一直在这个问题上钻牛角尖，因此耽误更多且更重要的事情，是典型的“捡了芝麻，丢了西瓜”，这是这种性格家族的女人亟待解决的问题。

3. 力量家族

有些女人总是会给别人充满力量的感觉，她们的目标明确，行动迅速，做事雷厉风行，完成目标是她们唯一的目的。这种性格的女人重视“做”，不注重“空想”和“享受”，因此，吃苦耐劳、顽强拼搏是她们性格的优点，这就是“力量家族”性格的普遍特征。

“力量家族”的女人是天生的领导者，她们拥有领导者该有的风范与气度，处理问题时，她们能够纵观全局，迅速下达指令。在危难之中，她们也能够坚持不放弃，是解决困难的高手。这种性格的女人有一个明显的特点，就是做事极有主见。很多运动员都是力量家族的成员，她们喜欢挑战，不怕失败，面对困难能够越挫越勇，困难和挫折反而会成为她们前进的动力。

但事物总是具有两面性的，力量家族的女人也有一个明显的性格缺点，就是好胜心切，做事不会深思熟虑。有时候女人需要“力量家族”性格中的优势，“力量家族”性格的女人为了证明自己的能力会比任何性格的人都努力，但是不足就是她们缺乏周密考虑，不会轻易相信别人的建议。这种性格会让她们吃一些亏，在工作中走很多弯路，也会被认为是“固执独断”的表现。

4. 平和家族

世上有一种与世无争的女人，她们做事十分低调，个性也不张扬，不会为了金钱名利去出卖自己的灵魂，这是“平和家族”女人的普遍性格特征。一般来说，平和性格的女人总是深藏不露，她不会暴露出自己的优点和缺点，在别人看来总觉得十分神秘。表面上她们会露出恬淡的笑容，给人十分亲切的印象，但是交流起来才发现，她们并没有向别人展露内心的打算，人们与她们交心十分困难。这种性格的女人不会乱发脾气，不会去招惹别人，但相对来说，也会因处世低调而显得缺乏热情，没有活力。

凡事低调的作风是“平和家族”的性格优点，同时也是缺点。她们太过消极，每天都抱着得过且过的心态，做事也不如“力量家族”的女人迅速、果断，虽然说低调的性格使她们避免了很多的麻烦，但是她们也会因自己的性格而白白失去很多本属于她们的机会。

通过以上的分析，你知道自己属于哪个性格家族吗？

在了解自己性格的时候，女人不要忘记，就像世界上没有两片相同的叶子一样，每个女人的性格都不尽相同，人与人的性格千差万别，每个人都是唯一的，都有与别人不同的闪光点，没有谁的性格绝对优越，也没有谁是绝对的一无是处。女人要正确地认识自己的性格，找出自己性格中的长处和缺陷，运用自己独特的性格特征，去实现自己人生的美好目标。

内向性格女人的性格特点

内向性格的女人虽然好静、少动，但她们处理事情都是经过深思熟虑的，因此，每个内向性格的女人要正视自己的性格，发挥性格的长处，这样才能在人生的路上越走越好。

经常有人从女人的行动和情绪上来判断她是外向还是内向，其实这个判断并不一定准确。人们总是认为，外向的女人都是热情、开朗、洋溢青春激情的，而内向的女人多是少言寡语、沉默无趣，其实不然。

女人的性格从大的方面来讲大致可以分成两类：内向型和外向型。内向性格的女人心理活动倾向于内部世界，她们珍视自己的内在情感体验，行为主观性强。做事多以自己的喜好为出发点，不盲从、不跟风，按自己的意志行动，不为周围所动。对待不赞同自己的观点多采取批判和敌对的态度。因此容易与周围的人产生摩擦，再加上不愿意调解和沟通，因此适应环境能力较差。

某著名女演员一直留给观众们开朗、乐观的印象，大家一致认为她属于外向性格的那一类女人。但是在这名女演员接受采访时，却透露自己的性格其实很内向。她告诉记者，“你们可能觉得我是那种人越多越热情的外向女人，其实我骨子里是十分孤僻的。我不爱见朋友，外人慕名而来希望与我多些交流，我会觉得十分紧张，观众在心里已经给我定型了，那私下少言的我会不会让观众感到失望？于是我只能更加大声说、大声笑，免得没话说而尴尬。”

内向也好，外向也罢，这都是女人本身的一种真性情，没有好或坏的区分。但是，自从前几年爆发出的“马加爵事件”之后，突然“内向”变成了一个反面词汇。例如广州灭门案、肯德基绑架小女孩案、神秘杀手阻击红衣女郎案等恶劣事件，事后经过调查，必说杀手“性格内向孤僻”。而后心理专家又发表演说，告诉公众内向的人容易走极端、容易患孤独症、焦虑症、强迫症等。越来越多的内向女人感到很惊恐，她们为自己的内向性格而烦恼，并企图强迫自己变成一个外向性格的人，就像那个女演员一样。

其实，玫瑰就是玫瑰，莲花就是莲花，动静相宜才是大自然最真实的美景。女人若非要把一朵清新的莲花变成一只妖娆的玫瑰，那最后只能是落得个不伦不类。

做一个内向的女人有什么不好呢？内向性格的女人十分关注自己的内心世界，她可能不像外向性格的女人一样把所有的能量都释放到外在世界中，但是内向的女人明显更有意志、有理想。她们的内心世界很强大，无论外界有多大的变化都不会影响她的信心，因为她真正在乎的东西都被收藏于心，而这些是外界破坏不了的。

很多女人都会陷入人际交往的烦恼中，她们害怕与陌生人打交道，尤其恐惧在公共场合吸引大家的目光，一旦让她站在讲台上做自我介绍就会紧张、害怕，甚至胆怯、发抖。其实，这种女人只是缺乏基本的自信，害怕人际交往并不是内向的标志。内向性格的女人确实不喜欢人多嘈杂的环境，好友也只有两三个，但她内心并不充满恐惧，面对人多的场合，内向女人给人的感觉不是惊慌失措、手忙脚乱，而是举止大方、言行得体，高雅中带些神秘，让人想上前沟通却又怕唐突了佳人。

内向性格的女人虽然好静、少动，但她们的智力普遍很高，处理事情也是深思熟虑，言行谨慎，这种人可能不是一个很好的诉说者，但在人生这个舞台上，她可以做一个完美的倾听者。

丽丽是一个工作繁忙的白领，每天要处理很多的事情，和不同部门的负责人都要打交道。这样的工作状态使得丽丽经常处于高压之下，每当她觉得自己快不能承受工作的压力时，就会打电话给她最好的朋友小灵。

小灵是一个自由撰稿人，内向、安静的她总是静静地在工作室写稿，平时很少出去和朋友狂欢。很多人不明白为什么风风火火的丽丽会和内向的小灵走得这么亲近。

每当接到丽丽的电话，小灵总会不温不火地和丽丽约定见面的地点，一碰面，丽丽就滔滔不绝地向小灵诉说工作上的烦心事。小灵并不插嘴，所有的话都是丽丽在说，小灵只是安静地倾听。她陪丽丽聊了很长时间，却没有给丽丽任何建议和意见，对丽丽说的那些工作中的人和事情也没有任何的评价，但丽丽却觉得心情十分舒畅。

实际上，内向的小灵并不是不会说话，只是她明白，丽丽现在需要的是放松，谈话可以使她感到舒适，这时她只要做一个安静的倾听者就可以了，事实证明，小灵的做法是正确的。通过发泄，丽丽的压力得到了释放，很快又恢复了工作状态。

因此，在生活中，内向的女人应当学会倾听。各种性格都有各自的优劣，外向性格的人再开朗、热情，也会有自己无法解决的精神困境。而作为内心世界的强者，内向性格的女人只要维持安静就可以帮助外向性格的人走出精神困境，这种力量也是很大的。

女人的性格并不能绝对地区分开来的，外向或内向也不是绝对的。很多人都是内外兼有，只不过是哪种更占主要。性格内向的人，虽然不太善于言谈，多愁善感，优柔寡断，但是也有自己的优势，比如有耐心、细心谨慎、安静稳重、宽容忍耐、感情细腻，能够较好地克制自己的冲动情绪，严格遵守既定的生活秩序和工作制度等。

虽然内向的女人是固定性有余而灵活性不足，很难做出惊天动地的大事情，但却是不可缺少的贡献者，也是最容易得到上司认同的下属，因此，每个内向性格的女人要正视自己的性格，发挥性格的长处，这样才能在人生的路上越走越远。

外向性格女人的优势

善于把握机会，行事客观性强，主动、积极是外向性格女人的一大性格优势。这种优势可以帮助她们得到很多成功的机会，并激发自身的潜力。

外向性格的女人心理活动更多倾向于外部世界，因此她们经常对周围的人和事表示关心和兴趣，这种性格的女人善于把握机会，行事客观性强，主动、积极是她们的一大性格优势。

幼儿园里要排练一出舞蹈节目，由于人数的限制，老师只挑选出 4 个舞蹈基础不错的女孩子参加。因为演出的时间比较紧张，于是几个孩子每天都要去排练。4 个人中名叫小云的小女孩，性格十分外向，她像个小老师一样，总是主动督促其他几个孩子练习。而那几个安静的孩子性格有点内向，平时不是很爱说话，只是乖巧地跟着音乐手舞足蹈。

这一天，孩子们正在自发地排练节目时，只听小云边跳边说“舞台很大的，队形要拉开一点，别靠得太近”。一听就是小老师的口气，几天来一直在旁边观看的秋秋和小冰两个人再也忍不住了，喜欢跳舞的她们立即跟着跳了起来。

小云和另外3个女孩停下来说：“你们是谁？又不参加表演，为什么跟我们一起跳？”

秋秋和小冰也不甘示弱，“我们也喜欢跳舞，一起跳跳有什么要紧的?!”音乐响起，6个人一起练了起来。15分钟后，秋秋和小冰居然也跳得不比她们差，虽然没有人教过她们跳舞动作，但一见有自己会的动作她们就马上加入队形跳了起来。

过了一会儿，只见参加表演的那4个小女孩停了下来。总是跳错动作的小月说，“还有两天就要演出了，我还记不住动作，这可怎么办?”

另外两人也说：“唉，在那么多人面前跳舞真难为情”“要是我记不住动作，演出的时候跳错了怎么办呀?”

秋秋和小冰见状也停下来，她们俩笑呵呵地说，“没事，我们已经会跳了，大家再练练，一定就都能跳好了。”也许是受到了她们的鼓励，小云也继续练了起来，最后反倒是她和秋秋、小冰跳成一个组合。后来，因为一些原因，那两个没有信心的孩子没有继续参加排练，顶替她们的就是被老师看见积极自愿参加练习的秋秋和小冰。那一次的歌舞表演取得了成功，每个看过演出的人都夸奖这几个孩子跳得很不错。

一些外向性格的孩子总是容易得到老师的重视，而一些内向性格的孩子由于不善于表现或羞于表现自己就比别人失去很多机遇。外向的秋秋和小冰因为坚持自己的爱好，并勇敢地去实现，最终得到了跳舞的机会，而那两个内向的孩子不去告诉老师她们的烦恼，而是用拒绝排练来摆脱即将登台的恐惧，从而失去了一次锻炼的机会。从这个案例中，我们不难看出，外向性格的人，适应环境的能力确实很强，她们为了自己的目标，会勇敢地付出努力，并极力争取，直至最后取得成功。

从这几个孩子身上，我们不难看出，外向拥有很多性格上的优势。外向性格的女人是天生的领导者，她们很喜欢作决定。雷厉风行的作风使得她们逻辑性强，善于分析局势。这一类型的女人都很实际，她们只看重事实，不盲从于“纸上谈兵”的空想理论，她们对那些自己认为没有实际运用价值的东西没有兴趣，比如抽象的想法和理论。

外向性格的女人是直爽而友好的，这样的性格使得她们很容易得到别人的信任，她们对任何事物都很有原则，她们的热情、友好使得她们能很快结交很多好友。

每种性格都有各自的优点、缺点。很多性格内向的女人都想使自己变得外向一些，因为她们认为，似乎只有性格外向的女人才更适应当今社会的飞速发展，更利于与人交往，广结好友，其实事实并不是这样。女人们要了解一点，外向型性格带给女人的是“广博”，而内向型性格带给女人的是“精深”。通常，外向者对许多事物感兴趣，但并不注重其深度。内向者没有太多的爱好，那是因为她们专注追求某一事物，不会分心。因此，女人们不必刻意改变自己的性格，性格没有优劣，只要提高能力、改善自身素质去弥补性格某方面的缺点就足以使我们成为无可挑剔的人。外向性格的女人利用自己开朗、热情、勇于挑战的性格优势去拼搏，就一定会得到属于自己的幸福人生。

低调平和并不是要女人胆小怯懦

低调平和的女人总是会主动后退一步，看似是胆小怕事，但其实这中间包含了她的聪明、睿智与大度。

女人的性格多种多样，每个人的性格都不同，有些女人的性格并不张扬，当遇到突发事件时，相比其他人毫不退让的强势态度，她们的低调作风显得好像是胆小、怕事，不敢招惹事端。其实不然，低调平和并不是要女人胆小、怯懦，而是要女人冷静地处理问题，避免无谓的冲突。

“退一步海阔天空”是每个女人都明白的道理，但在生活中却很少有人能退一步。那些错误的观念认为，后退是胆小、怯懦的象征，会被人轻视，看不起。我们都看过跳高比赛，运动员在起跳前往往要后退很远，这样在起跳的一瞬间才会爆发出惊人的力量。生活也是如此，低调平和的女人总是会主动后退一步，看似是胆小、怕事，但其实这中间包含了她的聪明、睿智与大度。

一天上午，一位英国人突然气势汹汹地闯进北京某饭店的经理室，一进门他就冲着正在值班的刘女士吼道，“你就是经理吗？你们饭店怎么搞的?!我刚才在大门口滑倒摔伤了腰。地板这么滑，连个防滑措施都没有，太危险了！你马上送我去医院。”

见此情形，身为值班经理的刘女士并没有因为这位客人的责备而生气，反而谦恭有礼地说，“很抱歉让您受伤，您的身体不要紧吧，我先安排您到我们酒店的医务室做一下紧急处理，再送您去医院，您先坐在沙发上等一下吧。”

英国人坐在沙发上，依然气势汹汹地数落饭店的不是。过了一会儿，刘女士见对方已经镇定下来，便温和地说：“我已经给您联系好医务室了，您换上这双鞋，我们现在就带您去看医生。”

英国人换上了柔软的拖鞋，起身走出了经理室。刘女士把他换下来的鞋悄悄交给一名服务员，并叮嘱他马上把鞋拿到楼下修鞋处去修理。原来，在英国人闯进经理室时，刘女士就看清他的腰并没有他说的伤得那么严重，反倒是英国人穿的那双鞋引起了她的注意，这双鞋的后跟已经完全磨薄了，因此，刘女士判断，他很有可能是因为这个原因才滑倒的。

在医务室检查完以后，结果如刘女士所料，英国人的身体并没有发现什么异常状况。这时，这名英国人也完全冷静了下来，对自己刚才的鲁莽感到不适。他说：“地板太滑，太危险了，我只是想让你们注意一下，但我刚才太冲动了，说话可能不太得体，请原谅。”

刘女士微笑着说，“身体没有异常最好了，您先喝杯茶。”接着，刘女士拿出刚才修好的鞋说，“我擅自做主修理了您的鞋，请原谅我的冒昧，修鞋匠说之前您的鞋后跟已经被磨薄了，因此很容易打滑，您现在试试这双鞋是否合脚。”

英国人接过刚刚修好的鞋，看到大小正合适的新鞋跟时，惊讶地闭不上嘴。他连连向刘女士道谢，对自己刚才的无理行为感到抱歉。他们愉快地握手后，刘女士说：“请忘记滑倒这件事吧，希望您在北京过得愉快。”英国人频频道谢，消失在人群中。从此，只要这个英国人到北京，就一定会住进这个饭店并到经理室致意。

性格火暴的女人，面对英国人没有搞清状况就到经理室无理吵闹的情况，是不会冷静对待的。她们多半会据理力争，和英国人争得面红耳赤，把他滑倒的原因归结于他的鞋上，最后双方都不会愉快，饭店也会因此失去这位顾客。

这位英国人最后之所以能够满意而去，就在于这位值班经理能够在突发事件面前保持理智，如果她因为莫名的责备而理智尽失，那必然会导致场面混乱，事情也不会这么圆满解决。这位经理的性格十分低调、平和，她的节节后退不是胆小、怯懦，而是以退为进。她的目的只是解决冲突，而不是让冲突升级，面对突发事件，她先后退致歉，并一步步弄清事情的真相，最后让英国人明白这种情况是他自己造成的，并帮他修好鞋，使事情得到圆满解决。可以说，刘女士的低调性格丝毫不缺少睿智，以不变应万变，完美地解决事情，使得双方都有一个满意的结果，达到双赢。

一般来说，生活中发生任何矛盾，双方都是有责任的，但是女人一定要主动“礼让”，这不是胆小怕事，而是用平和的态度去解决矛盾，让事情来证明自己，一味争吵、吵闹并不能让女人得到什么好处，反而会给人留下气量小、难相处的印象。

低调平和、与世无争需要女人拥有自信和坚强的性格。“负荆请罪”的故事被传为千古美谈，蔺相如身为宰相，位高权重，却不与廉颇计较，处处礼让。低调的忍耐，正显示了他顽强、坚忍的可贵品格，有谁能说他是胆小怕事的呢？

通古贯今，女人要改变自己“忍让即怯懦”的观念，要知道，低调平和的性格是帮助女人顺利解决问题的最佳方式。凡事后退一步，女人未必就是胆小怕事。海阔天空时，低调平和的性格会带给女人无尽的欣喜。

坚持己见并不是要女人顽固不化

要知道，坚持己见并不是要女人顽固不化，女人要坚持的是正确的思路，正确的做法，这样才能避免走太多弯路。

自古以来，信心一直是女人战胜一切困难的法宝。坚持自己的判断，坚定自己的信念，在这种精神力量的支持下，女人一定会克服万难，享受成功的喜悦。信念是一种无坚不摧的力量，只要女人坚信这么做自己能成功就必能成功。

一天，5岁的雯雯问她的妈妈："妈妈，蜘蛛是不是会飞啊？"雯雯的妈妈感到很好笑，"蜘蛛怎么会飞呢？"雯雯接着说，"妈妈你看，有一只黑蜘蛛在院子里结了一张很大的网。这两个屋檐离得这么远，蜘蛛怎么结的网啊？"雯雯的妈妈一看，可不是嘛，从这个檐头到那个檐头，中间有一丈余宽，蜘蛛的第一根线是怎么拉过去的？难道蜘蛛真的会飞？为了弄清楚这是怎么回事，雯雯的妈妈和小雯雯一起观察起蜘蛛。她们发现蜘蛛为了结网走了许多弯路。它从一个檐头起，打结，顺墙而下，一步一步向前爬，小心翼翼，翘起尾部，不让丝沾到地面的沙石或别的物体上，走过空地，再爬上对面的檐头，高度差不多了，再把丝收紧，以后也是如此，巨大的丝网就是这样一根一根织起来的。

蜘蛛是不会飞的，但它却能够把网凌结在半空中。它是勤奋、敏感、沉默而坚韧的，它的成功看似是不可能，其实暗藏了它的辛勤努力，这给了女人很大的启示。成大事，要坚定自己的目标，为了给自己的人生织出一张精妙的“网”，女人可能要为之付出无数的努力。可能会走弯路，可能会看不到成功的希望，但是只要女人坚持己见，不轻易放弃，终有一天会实现自己的人生目标。

放眼看世界，从古到今，没有哪个人一生是一帆风顺的，不管是名人还是平常人，都有自己的高峰期和低谷期。那些自卑的人从头到尾就知道抱怨，从来不知道低谷里蕴藏着多少宝藏，这是极其可悲的。而那些名人不管在什么时候都会用自信、自强的好性格来面对世事，最主要的是，他们在自己的低谷时仍坚定自己的信念，自己欣赏自己，自己鼓舞自己，不固执地坚持自己错误的意见，她们不断寻求新的方法，不放弃任何努力，这才是最后取得成功。

美国著名作家海伦·凯勒，一岁半就双目失明，这就达到她人生的一个低谷，但是她对人生没有放弃，凭借着她的老师和她那永不放弃的心态，艰难地跨进了中学校门，而后又走进了美国著名的学府——哈佛大学，开始了她的写作生涯。如果她不能坚定自己要学习的目标，她早就会在疾病的压力下自暴自弃，那今天恐怕就没有人知道海伦·凯勒的名字了。

坚定的信念其实就是自信心的化身，女人只要有了自信心，就能发挥自身的优点，达到自立自强的效果。但是坚持己见也要有度，过分坚持就是固执自负。坚持己见并不是要女人顽固不化，女人在有充足自信的时候也不能太固执，否则必会适得其反。三国时的马谡就因为太自负，太固执，终究因为街亭失守而身首异处。这样的固执己见是极其有害的，会毁了女人的一生。

无论何时，女人做事都应该灵活一些，性格不要太固执。坚持己见似乎让人感到这个女人自信十足，但有些时候，盲目坚持会给人自大、顽固的印象。

有些女人在做事时并不分析形势，过分自信的性格使她们很轻易地得出一个结论，并认定是最终真理，她们的固执、自以为是使得她们根本听不进任何意见。固执的性格对女人的人际交往是有副作用的。太固执的女人很少有好人缘，她们不了解别人的想法，也不愿意去倾听别人的心声，只会盲目地下结论，要求别人同意她的想法。因为性格中的过分固执，她的眼中只看到自己认同的事物，对别人提出的异议视若无睹，很多亡国的君主都是因为这样才失掉人心，最后失掉国土的。

女人要想改变固执的性格，最简单的方法就是要不时地转换思路。一件事可能有很多种方法去做好，也许你现在想到的方法并不合适，此时若坚持己见，奋斗得来的不一定是成功的硕果，反而有可能是失败的苦果。

“船王”包玉刚之所以能从一条船起家，由一个不懂航运业的门外汉一跃成为一代船王，就是因为他的性格自信却不固执，他时时处处都在想着怎样做才是最好的，倾听多方面的意见，并不固执于自己的想法。当别人都在搞房地产的时候，甚至当他父亲也主张投资房地产时，包玉刚经过分析却决定投资航运业；当别的船主都在用“散租”的方式获取暂时的高额租金时，他却用“长租”的方式获得稳定的收入，因此赢得了无数固定的大客户。他之所以成功，不是因为他固执地遵从传统观念，而是因为他总能发现常人所用的方法有弊端，转换思路后，坚持、自信地去实现自己的想法。可以说，“船王”包玉刚是自信、执着、不固执这种性格中成功的典范。

当女人发现自己所处的环境不利的时候，那就试着去换一个地方、换一种方法。要知道，坚持己见并不是要女人顽固不化，女人要坚持的是正确的思路，正确的做法，这样才能避免走太多弯路。每个女人都希望能顺利地走完自己的人生，那就学着灵活面对生命中的变数吧。记住，女人会因自信、执着的性格而拥有无尽的力量，但千万不可太过固执，只有这样，女人才会获得自己想要的幸福。

使女人快乐的性格特质

快乐既是一种心情，又是一种性格特质：快乐的心情有起有伏，快乐的性格却较稳定。具有快乐性格特质的女人，哪怕有不如意的事，仍能乐观面对未来，充满希望。

人世间总是有很多让女人烦恼的事，有些女人总是抱怨自己生活得不快乐。其实快乐并不是女人脸上堆积多少笑容，而是早晨睁开眼睛的那一刹那，女人呈现给这个世界的表情。不论女人是崇尚“宁静淡泊”抑或赞同“高调张扬”，她们的性格中都会有某些特质让女人感到快乐。我们不得不承认，性格一直在不停地造就着女人的命运，快乐的性格能让女人在自己的人生中过得更加幸福。

心理学家认为，快乐既是一种心情，又是一种性格特质：快乐的心情有起有伏，快乐的性格却较稳定。具有快乐性格特质的女人，哪怕有不如意的事，仍能乐观面对未来，充满希望。那么，究竟哪些是让女人快乐的性格特质呢？

1. 满足于现在

有些快乐的女人总是十分满足于现状，不论昨天有什么不开心，也不论明天会有什么意外降临，她们永远满足于“现在”的宁静。从这点上看，快乐性格的特质之一，就是全心全意地享受“现在”，满足于“现在”。

女人在孩童时期都会有这种感觉，有时候专心致志地观察一只小飞虫就会让她们开心很久。这是因为孩子的世界很单纯，她们能全神贯注地沉浸在“现在”这个时刻中，无论是飞虫还是落叶，只要是她们眼睛看到的，她们就会全身心地享受这一刻新鲜事物给她们带来的快乐。而那些不快乐的女人总是把快乐的希望寄托在日后，她们永远不满足于现状，甚至不重视“现在”的享受过程，结果就是她们永远也快乐不起来。

有一个女生十分苦闷每天上学的日子，她想到：“等我毕业了，就不用天天写作业了，那时就好了！”女生毕业之后，又觉得必须离开家才能找到真正的快乐。离家进入大学后，她又暗下决定：“拿到学位就好了！”好不容易领到文凭，这时她却又发现，快乐要等找到工作才能实现。

女生找了份工作，从基层干起。当然，快乐还轮不到她。一年一年过去了，她不断把获得快乐和心灵平静的日期往后挪，直到她订婚、结婚、换一份更好的工作、退休……最后在享受至高无上的快乐之前，她就去世了。

这个女生把所有快乐的希望都寄托在不可知的未来，毕业的快乐、独立的快乐、升职的快乐、婚姻的快乐她全都视而不见，不去享受，这样的女人是永远也不可能快乐的。快乐性格的特质其实很简单，女人的生活要以“现在”为中心，活在现在，享受“现在”的每种快乐感觉，而不是把快乐留到不可预知的未来。

2. 敢于去追求

德国哲学家康德认为：“快乐是我们的需求得到了满足。”的确，快乐是一种美好的状况，它能让女人忘记痛苦的事情，时刻感到开心、幸福。但女人也要明白一点，快乐并不是唾手可得的。女人要主动寻找、勇于追求才能得到，呆坐那等待快乐从天而降的女人是快乐不起来的。

性格开放、永不止步的女人总是快乐的，因为她们把命运掌握在自己手中，这种性格特质会促使她们去做任何能让自己开心的事，追求任何可能让自己快乐的事物。而那些性格保守、不开心的女人总是认为自己应该等待一个适当的时机，以稳当的方法去做事情，因此她们不断地错过机遇。人生不是已经设计好的游戏，生命时时有惊喜，关键在于女人有没有大胆开创新局面的勇气，快乐在等待敢于追求它的女人，所以每个女人都不要再做无谓的等待了，走出脚下的每一步，用勇于追求的性格特质给自己带来快乐吧。

3. 要懂得原谅

懂得原谅自己和别人的女人是心胸开阔的女人，这种宽容的性格特质会使她忘记一切烦恼，变得很快乐。

母亲不小心打碎了小旭最喜欢的花瓶，小旭心疼地捧着花瓶的碎片哭了好几天，看着母亲给她买的新花瓶小旭也不高兴，她生气地说："我不要新的，我就要我原来的那个，我不原谅你。"小旭以为她不原谅母亲，就会让母亲有麻烦，其实刚好相反。小旭的母亲不会有任何的不开心，反而是小旭自己伤心痛苦了好几天。女人要知道，对别人不宽容，受苦的却只有自己。那些把错误放在心里的女人总是越活越累，她们心中，每个人都冒犯了她，每个人都让她不开心，她找不到让自己快乐的理由，而这正是"快乐"的大忌。

伟人曾劝导我们忘记那些不开心的人或事，一味指责别人的错误其实是女人逃避现实的借口。不原谅、不宽恕，意味着女人不用改变自己，一直维持现状，这是错误的。当女人懂得去原谅别人，包容别人的失误时，生活的奇迹就会发生。当女人用一颗宽容的心去对待别人，对方也会放下心中的戒备，给予女人想要的理解与支持。女人会因这些改变而获得心灵的解放，并感受到被理解的快乐。

女人要想一生都愉快地生活，除了具备以上几点，还要不断改善自己的性格，使自己再具备以下几点特质。

(1)承认自己的缺点和不足，并乐意接受别人的建议、帮助和忠告。

(2)在面对失败或挫折时不放弃，要从失败中吸取教训，继续努力。

(3)要想自己受人尊敬，就要热心帮助别人，与别人相处融洽、不拘小节。

(4)坚守信念，做任何事要时刻充满自信。

要知道，快乐并不是没有烦恼，人人都会有烦恼，但并非人人都不快乐。快乐的滋味如人饮水，女人慢慢改变自己的性格，终会体会到快乐的感觉。

塑造女人完美的性格

每个女人与生俱来的只是一个性格基础，女人内向或外向、自卑或自信，完全可以依靠后天的努力去改掉或完善，最终将自己塑造成一个有着完美性格的女人。

说到性格，总有些错误观点认为它是与生俱来的，其实，每个女人与生俱来的只是一个性格基础，女人内向或外向、自卑或自信，完全可以依靠后天的努力去改掉或完善每种性格。塑造完美的性格是多方面的，心理学家认为，完美性格的女人应该具备乐观、热情、谨慎、谦虚、坚强、自信的特点，而这些特点女人都可以靠后天培养去塑造。

小文是一个很乖巧的女生，她的性格比较内向，不爱说话，后来总有同学欺负她。小文的同桌告诉她，要厉害一点，有人欺负就要回击，不用害怕。小文觉得有道理，就慢慢地锻炼自己尽量不胆小怕事，后来果然不害怕谁了，也喜欢和人多交流了。到了高中的时候，小文已经变得很活泼开朗了，很外向了。后来小文还发现，总是喜欢和别人争执的同学，人缘就不是很好，而且总是容易遇到麻烦，于是就特别注意，告诉自己不要为一些小事与人发生冲突，就算自己是对的，也不当时去争，心平气和地找出有力的证据告诉对方就好了，最后皆大欢喜。

小文的朋友都很喜欢小文，认为她的性格很好，小文自己却说，人没有十全十美的，多去理解别人，包容别人，时刻控制好自己的情绪，这样才能和周围人搞好关系。面对矛盾，要先想想对方是不是和我自己得一样，免得造成一些不好的后果。

几年的时间，小文从一个胆小怯懦、受人欺负的女生变成了一个乐观、热情的女孩，每个人都夸奖她，喜欢她，这一切都是小文不断努力改正自身性格缺点的结果。从她身上我们可以看到，性格是可以改变的，只要自己能时刻认识到自身的不足，并努力去改正，就一定会完成向完美性格的转变。

谨慎是一个好性格，这种性格的女人在做事时多会思考周密，随着社会发展越来越迅速，女人已经不能准确地预测未来形势了，这种情况下，要是在过于强调小心谨慎，就会显得有些束手束脚，甚至抓不住那些一闪即逝的机遇。

现代女人既要有谨慎的性格，同时也要敢于去创新，勇于尝试新鲜事物。当然，尝试新鲜事物并不是要女人像赌博那样赌上自己的运气，创新不是靠运气，而是靠理智。倘若一点赢的把握也没有，女人就冒失轻率地干起来，这不是勇于尝试，而是自寻死路。

聪明睿智的现代女人，面对机遇一定要分析清楚，不要故步自封，当有百分之六十的把握时，就应当机立断，大胆地去行动，这样的行事作风才算完美。

谦虚是中华民族的一个优良传统，女人通常也爱把“深藏不露”当作一种美德，自己的才华、优点从不愿展露出来，而是要等别人发掘。自古以来，“三顾茅庐”的故事就比“毛遂自荐”流传得更广，很多人认为，勇于表现自己才华的女人会给人留下浮躁、势利的印象，似乎“藏而不露”才是“窈窕淑女”该有的风度。

但在今天，过分自谦却已经成了女人性格中的缺点。快节奏、高效率的时代需要的是雷厉风行、敢于竞争的新女性，扭扭捏捏的“谦虚姿态”只会招人反感。在现代社会，领导者招聘员工、下属，并不是看女人怎样谦虚有礼，而是首先看女人有多少真才实学，是否能够胜任这个岗位。时间就是金钱，没有人会花大量的时间去了解你到底拥有哪些深藏不露的才华。女人要想不失去机会，就应当实事求是地宣传自己，既不夸大，也不贬低，这种性格才更能适应现今社会。

每个女人面对突如其来的困境都会有不同的态度，唉声叹气，自认倒霉，这是一种态度。在打击和挫折面前，无休止地叹息不会帮助女人改变现实，只会削弱女人的意志，使她消极地接受现实。悲观绝望、自暴自弃，也是一种态度，这是意志薄弱、缺乏勇气的表现，也是女人自甘堕落、自我毁灭的开始。怨天尤人、抱怨命运，这又是一种态度。事情已经如此，不会因为女人的埋怨和诅咒而有所改变，怨天尤人是最容易的，但对现实来说却是最没有用处的。

要想改变，女人就要去磨炼自己的意志，塑造自己坚强不屈的性格。在困难、挫折面前，能够不灰心、不动摇、不悲观，顽强地和命运作斗争。晋朝有一位叫羊牯的人说过:“天下事不如意事,十常八九。”这话不无道理。世间哪有那么多的如意之事,一帆风顺的人生是极少的。当不幸降临时,女人要用坚强的性格来面对。

在生活的海洋中,事事如意、一帆风顺地驶往彼岸的情形是很少的。或学习上遇到困难,或工作中受到挫折,或生活上碰到不幸,或事业上遭到失败,这些都有可能发生。当不幸的命运降临到我们身边的时候,我们应当怎么办呢?

文坛巨人鲁迅先生曾说:“伟大的胸怀,应该表现出这样的气概——用笑脸来迎接悲惨的命运,用百倍的勇气来应付自己的不幸。”没有人是天生坚强的,哥白尼动摇过,伽利略屈服过,奥斯特洛夫斯基也曾想到过自杀,但这并不能阻止他们成为坚强刚毅的人。刚毅的性格和懦弱的性格之间并没有千里鸿沟,刚毅的人不是没有软弱,只是他们能够战胜自己的软弱。女人最大的敌人只有自己,要培养坚强的性格,首先要战胜懦弱。

这些只是完美性格的几个方面,从漫长的人生长河来看今天,女人会感到平时的挫折不过是自己塑造完美性格中一段小小的插曲。随着视野的开阔,女人将看到更远的未来。一点一滴地改变自己,把懦弱、自卑等坏性格从自己身上剔除,才能让自己的人生越来越完美。

上篇：徜徉于异彩纷呈的性格花园

{Chapter 3}

幸福女人，优化自己的性格资本

性格是女人重要的资本，良好的性格是女人美满一生的保证。然而人无完人，并不是每个女人都天生拥有良好的性格，她们身上或多或少都会存在一些不良性格。这些不良性格会影响女人的行为，破坏女人的事业，因此，女人要不断地优化自己的性格，让自己的性格变得完美。当女人不断优化自己的性格资本时，她的人缘会变得更好，工作进展会更顺利，爽朗的笑声长伴身边，她所期望的完美人生也即将来到。

注意细节来优化性格

细节往往会在一定程度上反映出女人的性格，因此，注重个人细节，保持好的细节是帮助女人展现自身魅力的关键，也是帮助女人优化自己性格的一个好方法。

优化性格的目的就是要克服女人身上的不良性格，实现从不良性格到优良性格的转变，然而这一点不是很容易就能做到的。优化性格是一个过程，它需要女人长期努力，还需要有恰当可行的方法。细节、情绪、习惯都是可以优化性格的途径，女人要利用它们来进行自身性格修养的提升，把握好自己性格优化的方向。

性格从心理学上讲，是一种比较稳定的个性特质，它的稳定性决定了女人优化性格只能是一个缓慢、细心的过程。女人的性格是在她所处的环境、教育等因素长期作用下逐渐形成的，要想克服其中一种不好的性格，女人必须进行长期不懈的努力。短期的转变有时候看似很有成效，但其实并不能从根本上优化女人的性格。比如，一个个性懒惰的女人，在她下决心克服懒惰的性格时，她会在短时间内表现出勤快的表象，但只要她思想一放松，还会变回原来的自己。所以说，短暂的变化并不能说明女人真正改正了自己的不好性格。

生活细节向来都与女人的性格息息相关，俗话说“细微之处见端倪”，说的就是很多事情都可以从生活的细节中看出个究竟。细节往往会在一定程度上反映出女人的性格，因此，注重个人细节，保持好的细节是帮助女人展现自身魅力的关键，也是帮助女人优化自己性格的一个好方法。

细节是反映女人性格的一面镜子，也是别人看清女人的一个窗口，如果女人想让自己的性格更加完美，那么就要在细节的处理上精益求精。

在一家知名公司进行员工面试的过程中，考官事先把面试的房间弄得一团乱，地上丢满了纸屑和文件夹，然后将一把扫帚放在门后。一切准备好后，面试官就等待面试的人进来，同时观察他们对这种情况的反应。结果几乎大部分的应聘者对杂乱的房间都视若无睹，他们跨过地上横放的文件夹，踩着满地的碎纸屑，笑脸迎人地递出自己的简历。最终，当最后一个应聘者小幽推开房门时，她环视了下房间，很自然地拿过门后的扫帚，把地上的垃圾清扫干净，捡起地上的文件夹，整理好后放在门旁的桌子上。这样面试的结果就出来了，面试官当时就宣布录用小幽，因为她注重生活中的小细节，那么她的性格一定也是十分严谨、认真，相信她会成为一个细心、负责的好员工。

小幽身上的细节展现的是一种对待工作、对待生活的态度，那些看不到细节重要性的人对待工作的认真程度是有限的，她们的性格也必定不如小幽严谨。这样的员工往往会敷衍地对待工作，也不可能在平凡的岗位上创造出最大的价值，因此，面试官才会让注重生活细节的小幽胜出。

女人可以从小幽的身上看出，细节的作用不可小视。它看似很微小，不值得小题大做，事实上却折射出女人性格中的闪光点，让平凡的女人大放异彩。因此，完善自己的生活细节，也就是在完善女人的生活态度，注重生活中的细节，能让女人优化自己性格中不完美的一面，帮助她们向自己理想的完美人生再跨进一大步。

在当今异常激烈的职场竞争中，不同性格的职场女性会表现出不同的细节，而那些细节的作用是惊人的，有时看似漫不经心的一个行为细节，却能为女人带来意想不到的效果，甚至提升女人的人格，让你获得更好的发展机会。

小丹是个非常有潜力的员工，然而在人才济济的公司里，她总是显得有点“平凡”，因此一直未得到公司的重用。有一次，上司带着她和另外几名职员与客人洽谈生意，可惜客户面对着满桌的美味佳肴和内容详尽的计划书仍不为所动。眼见生意谈不成了，上司开始泄气，于是建议结账。就在这时，节俭的小丹坚持要求上司将桌上的剩菜打包，其他几位漂亮的女职员纷纷暗中对她翻白眼，认为她的小气有损公司的形象。可就在这时，已经准备离席的客户突然打破僵局，答应签约。原来，小丹要求将剩菜打包的细节被客户大为赞赏，他认为小丹节俭的品质和谦虚的性格在工作上一定是值得信任和肯定的，与拥有这样员工的公司签单肯定能最大限度地节省自己的成本，创造出丰厚的收益。这个意外的“胜利”让上司对小丹很满意，并在日后的工作中提拔了她，后来小丹凭借自身的努力，终于成为独当一面的女强人。

从小丹的经历中我们不难看出，细节与女人的人生发展密不可分，它一方面散发出女人的性格魅力，一方面隐藏着巨大的机会，只是很多时候都被女人忽略了。

“低调”是小丹在生活中第一个表现出的细节，平凡的她，一直踏实、沉稳地在公司中做好自己的工作，即使没有被上司重视，她也一心一意地做好本职工作。低调这个细节，展现了女人沉稳、睿智的内敛性格，这种性格的女人都是有大智慧的人，她们知道做事要踏实、稳健，因此能在自己的事业道路上走好每一步。

小丹得到重视的第二个细节是“节俭”，自古以来，勤俭节约就是我们中华民族的优良传统。节俭的细节表现了女人精打细算的性格，在工作中，这种女人可以发挥自己的性格长处，为自己和企业创造出无尽的财富。

幸福的生活是女人一生都在追寻的目标，女人的性格是她们行动的导向，注重生活细节的培养，能帮助女人优化自己的性格，找到自己前进的方向。一旦女人抓住机会，让自己在细节中闪耀出光芒，那么，她的性格和人生也许就会因此而改变。

调整情绪来优化性格

某种情绪持续的时间越长，对性格的感染作用就会越明显，因此，女人通过调整自己的情绪，也能达到优化自己性格的目的。

情绪是女人性格的反应，女人不同的性格都是通过不同的情绪表现出来的。开朗、乐观性格的女人经常处于热情、开心的情绪状态中，在她们的影响下，周围的朋友们似乎也会跟着开心起来；而忧郁、压抑性格的女人总是处于怨天尤人、愁眉苦脸的情绪中，连带着周围的朋友也会跟着心情不好。尤其是在重要的事情面前，不同性格的女人表现出来的情绪就更加明显。面对困难，积极性格的女人表现出高昂的斗志和勇往直前的拼劲，而消极性格的女人却表现出害怕、恐惧的情绪。

情绪和性格的关系是相辅相成的，性格能决定女人的情绪，反过来情绪也能够影响性格。某种情绪持续的时间越长，对性格的感染作用就会越明显，因此，女人通过调整自己的情绪，也能达到优化自己性格的目的。女人优化自己性格的第一步，就是通过有意识地培养一些积极的情绪来改变自己消极的性格。

小米是个胆小、抑郁的内向女生，为了摆脱内向性格造成的抑郁症，她开始听从心理医生的建议进行自我情绪调整。每天小米都对着镜子冲自己笑，自己对自己说“你真漂亮”，同时她还看一些轻松愉快的图书，尽量不去想任何会让自己抑郁的事。最大的改变就是内向、胆小的小米，主动去结交一些乐观、开朗的朋友，即使在交谈时插不上嘴，她也听得很开心。这些举措都帮助小米营造了一个愉快、开心的环境，在这个氛围中，小米开开心心地生活。乐观、开朗的情绪持续的时间越长，就越能形成稳定的心性。长期受到愉快情绪的感染，小米原来非常压抑的性格就会逐渐转化，变得开朗、活泼起来。

小米是一个调整情绪优化性格的成功案例，她的经历告诉女人，很多种性格都可以用这种方法来调节，那些性格暴躁的女人，可以通过培养自己冷静、平和的情绪，来使自己的火暴性格冷却下来，当她能保持心平气和的心境时，同时也就能促进暴躁性格的优化。

有些女人对调整情绪来优化性格的方法抱有怀疑的态度，她们认为情绪是女人思想里的一种主观存在，不能被自己驾驭，然而当女人处于情绪冲动的状况时，很多性格就变得难以克服。这种看法有失偏颇，女人的情绪并不是不可控制的，情绪是人脑中的一种机能，当激烈的情绪爆发时，女人要不断地提醒自己冷静，控制住自己的行为，一旦女人控制住自己冲动的情绪，就说明她已经在逐步改进她冲动的性格了。

女人如果能够经常地消除烦恼、愤怒、急躁等不良情绪，这对于帮助她优化自己的不良性格会有很大的帮助。沮丧的情绪会助长女人性格中的怯懦倾向，而热情、开朗的情绪会让女人变得坚强起来。

改变习惯来优化性格

只有当一个好的行为成为一种习惯时，才能在女人的行为中巩固下来，不会再被丢弃。因此，优化女人性格的关键在于努力培养女人良好的习惯，改掉自身的某些不良积习。

在性格优化的过程中，我们可以采取多种方法来实现，改变习惯来优化性格是其中的方法之一。习惯的力量是惊人的，她能帮助女人走向幸福的人生，也能让女人走出人生的低谷，女人的一生是何结局全看女人有什么样的习惯。

其实，女人的性格和她的习惯是有很密切的联系的，俗话说“三岁看老”，说的就是在女人小的时候，看她的日常习惯就知道她的性格，也就知道她以后会选择什么样的人生。女人性格中的很大一部分所表现出来的就是她日常习惯的生活方式。习惯在女人的日常生活中占有很重要的地位，当一个好的行为没有变成习惯时，女人不一定会始终如一地信守它，只有当这个行为变成习惯时，才能在女人的行为中巩固下来，不会再被丢弃。因此，优化女人性格的关键在于努力培养女人良好的习惯，改掉自身的某些不良积习。

培养积极思考的好习惯，可以让女人的思路更加宽阔，更易发挥她性格中的创新性，对女人的人生有不可估量的积极作用。

有位秀才进京赶考，考试前两天他做了两个梦：第一个梦是梦到自己在墙上种白菜，第二个梦是下雨天，他戴了斗笠还打着伞。临考之际做此梦，似乎有些深意，秀才第二天去找算命先生解梦。算命先生一听，连拍大腿说："你还是回家吧。你想想，高墙上种菜不是白费劲吗？戴斗笠打雨伞不是多此一举吗？"秀才一听，心灰意冷，回店收拾包裹准备回家。

店老板非常奇怪，问："不是明天才考试吗？今天怎么就打道回府了？"秀才如此这般说了一番，店老板笑了："唉，我也会解梦的，我倒觉得你这次一定能考中。你想想，墙上种菜不是高种吗？戴斗笠打伞不是双保险吗？"秀才一听觉得十分有道理，于是精神振奋地参加考试，居然中了个探花。

从秀才的故事中我们可以知道，事物本身并不会对人有多大的影响，关键是看人们对事物的看法。秀才听信算命先生的说法，深信自己此次考试无望，因此收拾东西回家，无心去考。但是店老板的一席话又让他重拾了信心，最后果然考中。秀才还是秀才，两个梦也还是那两个梦，只是解梦人的解释不同，秀才就有了不同的命运。女人从这个小故事中能得到这样的启发：积极的思维习惯能让女人重拾信心，向着目标实现的过程而努力，丢掉"不可能"，丢掉"一定失败"，抱着积极的心态去努力，女人获得成功的可能性会大得多。

思维决定行为，行为形成习惯，习惯改变性格，性格创造命运。当女人拥有积极思维的习惯时，她的工作效率也必然提升。她会思考最佳的工作方式，把每个时间段都充分利用起来。

在现实生活中，一些坏习惯不仅影响女人完美的形象，而且让女人的性格走向消极的极端，因此，女人要用果断、勇敢的态度去彻底改变以下几种坏习惯。

1. 经常性迟到

上班、开会经常迟到的女人会遭人反感，因为迟到这个坏习惯会让人觉得你是性格自私、缺乏合作精神的女人，在职场上，这种女人是不受欢迎的。

2. 拖延工作

虽然你最终完成了工作，但因为拖延了太长时间依然无法得到上司的嘉奖。女人之所以拖延是因为内心害怕出错，她们谨慎过了头就变得胆小、没作为。胆怯的性格使女人永远不适合担当重要的角色，因此，女人要想走好事业的每一步，就一定要改正拖延的坏习惯。

3. 怨天尤人

这几乎是所有人生失败的女人都有的坏习惯，那些幸福的女人在遇到挫折时总是冷静思考对策，解决问题，而不是怨天尤人，只顾抱怨。

4. 责备他人

每个人在工作中都可能会发生失误，当失误发生时，最重要的是去解决问题而不是一味责备他人。责备是无能的表现，这说明女人没有能力去改变现在的情况，同时一味责备他人会使得大家的工作情绪都低落，助长女人暴躁的性格。

5. 言而无信

信用是一个女人最重要的名誉，如果女人经常改变之前的承诺，做事言而无信，那么她会在所有人面前都失去信用，这样的女人在今后的人生路上得不到大家的信任，在任何方面她都难担重任。

6. 傲慢无礼

傲慢无礼的女人总是自觉高人一等，这个坏习惯会招致很多人的反感。谁都不比谁高贵多少，傲慢无礼的女人在用自己的无知和虚荣心践踏他人的尊严，终有一天，她会发现自己处于孤立无援的地步，谁都不愿意对她伸出援手，同时，它让女人的性格变得偏激。

一个女人的习惯贯穿她的一生，也影响着她性格的形成。好的习惯可以给女人打造一个好的性格，而好的性格又可以给女人一个好的风度，好风度营造出女人的好人缘，好人缘又让女人在社会生活中过得无拘无束，轻松惬意。好的习惯会帮助女人完善自己，优化她的性格，女人要想把握自己的人生，就一定要培养自己的好习惯，改掉生活中的恶习，这样才能得到完美、幸福的人生。

注意性格中的“木桶效应”

当女人满怀激情地开拓未来的时候，不要只关注“长板”之长，也要花一点时间和精力在自己的“短板”上，这很重要。

茂密的原始森林中，层叠的山峦向四面八方延伸。一条小溪在密密麻麻的树丛中缓缓穿过。小溪不大，不像大海般宽广，它满载着希望和光明向未来流去。在溪水中翻浮着一只木桶，木桶的做工十分讲究，上面镶满了代表地位和荣誉的宝石，唯一的缺陷就是有一块木板比其他木板低一块。在大部分的时间里，木桶并不把有短板的那一面展示出来，那块短板似乎更愿意待在光鲜外表的背后。只有在小溪泛起激流和旋涡的时候，木桶翻起的瞬间，那块短板才会暴露在阳光之下。

有一天，一个老人打捞起这个木桶，满心欢喜地抚摸着桶上的宝石，“多漂亮的桶啊，我要用它来装粮食。”老人把桶拿回家，放在屋子的角落，赶忙唤来自己的孙子，“孩子，你去把粮食倒到桶里去，这样粮食就不会再受潮了。”孙子听话地把整袋粮食倒向木桶，刹那间粮食都撒到了桶外。老人的孙子惊呆了，心疼地捧起地上的粮食，直到这时他才看到木桶有一块短板，粮食都是从那里流出来的。“爷爷，这个桶有一块漏了，装不了粮食。”老人微微笑着，“这样当然装不了粮食，你找块木板钉在那块短板上。”孙子有些不舍，“可是钉上木板，木桶就不好看了。”老人摸着孙儿的头，语重心长地说，“木桶能盛多少粮食，不是取决于木桶壁上漂亮的宝石，而恰恰是取决于最短的那块木板，你不把它补上，比短板高的那些木板也就没有实用的意义，装不了粮食，那这个桶还能做什么，还不是会被扔到溪水中丢掉？”

从这个故事中我们不难看出，木桶代表了每个人，我们身上的每一块木板都代表着我们自身的一种性格，这些性格团结起来，才能去盛满代表人生精华的“粮食”，然而能盛多少并不是由我们性格中最高的那块木板决定，我们的人生是否完美，全都取决于我们性格中最弱的那一块短板，这就是著名的“木桶效应”的另一种解释。

“要想提高木桶的容量，就应该设法加高最短的那块木板的高度”，这是女人从故事中收获的启示。女人的灵魂深处总是交织着善与恶、美与丑，性格也是如此。性格也会有优劣之分，好的性格能增长木板的长度，让这个木桶更加吸引人注意，而坏的性格会让木桶中的短板越来越短，让女人失去机遇的眷顾。女人要了解自己的性格，看清自己身上的优点与缺点，只有这样，你才会真正把握好命运的脉搏。

当女人看清自己性格中的“短板”时，一定要及时为它“增高”。

“公司新派下的工作充满了挑战，但我能胜任吗？如果完不成该怎么办？”——女人要培养自己自信的性格，要知道，自信是一种生存的智慧。拥有自信，女人将在一切挫折面前永不言败。

“我感觉社会的变化越来越快，工作的难度也越来越高，我已经快要跟不上工作的节奏了。”——我们正处于一个头脑竞争的时代，越来越激烈的竞争压力让女人们认识到现有的知识是远远不够的，培养自己积极思考的性格，勤于学习，才能让自己不被知识的洪流淘汰。

“我不知道怎样作出这个选择，这对我来说太难了，可是如果不选择，我就会白白失去这个机遇，我该怎么做？”——果断行事、敢于冒险也是一种积极的性格，它会让女人身边的人体验到雷厉风行的快感。果断更是一种境界，只有当机立断、果敢行事的女人，才会让人钦佩、信赖。

女人要谨记，如果你是一只木桶的话，千万不要让那块最短的木板阻挡你前进的脚步。你可能有这样的困惑：自己的工作很努力，但事业却没有起色。这时，你不妨静下心来想一想，限制自己发展的“短板”是什么？它或许是你效率低下的工作能力，或许是你的性格缺陷，当女人满怀激情开拓未来的时候，不要只关注“长板”之长，也要花一点时间和精力在自己的“短板”上，完善性格，完善自己。

扬长避短是优化性格的武器

扬长避短是女人优化自己性格的武器，人们常说“取其精华，去其糟粕”，放在性格中，就是要坚持和发扬性格中的“精华”，剔除性格中的“糟粕”。

每个女人都有自己特殊的性格，当她能够清楚地知道自己性格中的优点和缺点，并做到扬长避短时，她就一定能成功地优化自己的性格，使自己的性格更加完美。扬长避短是女人优化性格的武器，人们常说“取其精华，去其糟粕”，放在性格中，就是要坚持和发扬性格中的“精华”，剔除性格中的“糟粕”。

女人要怎样扬长避短呢？首先就是摆正自己的心态，自信地看待自己。

没有人是完美的，任何人都会存在性格上的缺点，而那些性格中的“糟粕”，是因为女人不相信自己，无限放大了自己性格中的缺点，最后造成自己自卑、恐惧的心理，限制了自己潜力的发掘。要想摆脱这种困境，女人先要正确地看待自己，发挥自己的长处，通过不断积累的成就感来洗刷失败带来的自卑感。

只要女人对自己有信心，尽量发挥自己性格中的长处，就能尝到成功的喜悦，那种充实的满足感又会给予女人无与伦比的自信，有了自信心，什么事情都会得心应手。优化性格的关键在于女人自己，只要女人对自己有信心，困难总会迎刃而解。

假如你是一个性格很坦率的外向女人，你可以在很多场合保持自信、大方的性格优点。你性格中的热情、创新因素能帮助你战胜挑战，排除万难。但如果你以消极的方式来表现自己的性格时，你的性格长处就变成了短处。

例如，小张本来是一个风风火火的率性女子，很多人都很喜欢她直来直去的性格，但是在公司评选先进时，她的率性性格发挥过了头，反而误了事。在评先进的过程中，她盛气凌人地对待每个同事，对工作也不太上心，她本以为自己性子直，做事心直口快，不会有人和她计较，但很多同事都纷纷忍受不了她的自以为是，所以那一年的先进她没有当选。

如果你是个宽容、忍让的内向性格女人，那么你要发挥出性格中低调、理智的长处，这样在与人合作时，你的容忍性格会使你和任何人都能相处得很愉快。内向性格女人的优点就是凡事采取低调的态度，不与人争吵。她的适应力很强，富有创造力，在需要合作的工作中，能虚心接受别人提出的意见，而且乐于帮助别人，容易得到别人的好评。

内向性格的女人也有性格上的短处，内向的女人缺乏主见，很容易就会受到周围人的影响。面对困难和无法解决的问题时，这种性格的女人会选择逃避，而不是去解决问题。因此，她们表现出来的唯唯诺诺、胆小怕事会被其他人轻视和利用。

李姐是某单位的老职员了，虽然工作能力很强，但她性格内向，很少去争取自己的权益，因此在事业上一直没有什么大的作为。这几年赶上单位换领导，李姐认为这是她翻身的一个好机会，因此当新领导上任后，她十分热情地支持新领导的工作，无论领导布置什么任务她都执行，没有任何怨言。有些吃力不讨好的工作李姐也硬着头皮接下来，她想，“我这么卖力工作，新领导肯定会对我很满意的”。可是事实是，新领导看到了李姐的踏实、苦干，也看到了她没主见、惯于服从的性格短处，所以李姐依然在原来的职位，没有升职，因为她的性格中缺少去开创新领域的拼劲。

“金无足赤，人无完人”，每个女人的性格中都会有不同的长处和短处。女人要正确看待自己的优点和缺点，发挥自己性格的长处，使它巩固和增强；回避性格的短处，努力改造它。久而久之，就能使不良的性格得到克服，从而达到扬长避短，优化自己性格的目的。

优化内、外向性格的原则

女人优化内、外向性格的基本原则就是优胜劣汰，培养和保留成熟的好性格，淘汰不好的性格，这样女人的性格就会更加完善，女人的人生也会因此而更加美满、幸福。

许多人认为，性格外向的女人开朗、活泼，善于交际，而性格内向的女人则木讷、胆小，不善交际，甚至把内向性格视为不良性格。其实女人的性格并不是那么简单、直白的，而是多种特征混杂交错在一起。内向性格不一定就是不好的性格，外向性格也不一定就是完美的性格。这两方面性格各有各的优劣，需要女人不断地去优化。

对内向和外向性格的优劣判别，人们的意见各不相同。但在实际生活中，我们可以看出，内向性格的女人与外向性格的女人其实是各有短长。很多性格内向的女人对自己的性格不满意，她们希望自己能变得外向一点、活跃一点，其实很多性格外向的女人也对自己的性格不满意，她们则希望自己能变得稳重、成熟一些。

女人不同的性格类型都是由“积极”和“消极”两个方面组成的，这就决定了无论是内向还是外向，都会各有千秋。外向性格的女人可能表现得精神旺盛、热情坦率，也可能会情绪暴躁，任性无理；内向性格的女人虽然胆小，但也可能会坚定不屈，意志顽强。这些性格中的优点和缺点存在于每个女人身上，并不是跟性格有关。

人们通常认为外向性格是一个好性格，外向性格的人善于交际，朋友众多。然而，世界上著名的外交家却不都是外向性格。如新中国首任外长周恩来、苏联前外长葛罗米柯、美国前国务卿基辛格博士、联合国前任秘书长加利等人，都不是外向性格的人。但是，这丝毫没有阻碍他们成为一个职业外交家。同时，内向性格中的深沉气质、敏锐思想反倒给他们增加了无穷的个人魅力，这就是这些伟人们优化性格后的结果。他们改正了内向性格中的胆小、懦弱，强化了他们性格中的沉稳、理智，这使得他们最终成为名垂青史的一代伟人。

优化性格的过程是十分必要的，它是靠女人的自我调节、自我改造来进行的。众所周知，优化性格并不是轻而易举的事，它需要女人拥有强烈的自我意识，并能够明确辨析善恶。如果这时女人能有一个明确的优化方向和计划，那么她就能更快、更有效地见证优化性格的结果。

优化内、外向性格的原则是优胜劣汰，而优胜劣汰的第一步就是要全面认识自己。女人要清楚自己的才能、特点，慎重地思考自己性格中的每个细节，然后进行分类、优化。比如，女人要先确信自己的性格特征有哪些，然后再分出自己喜欢的和讨厌的性格，易于改正和需要保留完善的。女人明确地认识了自己的性格状况后，就要遵守优化原则，有针对性、有计划地进行自我优化，发展性格优势，克服并淘汰性格弱点，这样做将比盲目地改变性格收效大得多。

学习别人性格中的优点

女人要想优化自己的性格，就要保持谦虚的态度去学习别人性格中的优点。学习别人性格中的优点就要倾听来自别人的声音，肯定别人的长处，同时也是要学习他人的长处。

我们经常说“尺有所短，寸有所长”，女人的性格虽然不尽相同，但她们各有各的优点，各有各的短处，我们细心观察就会发现，每个女人的性格中都会有闪光的亮点。女人的性格虽然是天生的，但是是可以后天塑造的，女人要想优化自己的性格，就要保持谦虚的态度去学习别人性格上的优点。

学习别人性格中的优点首先要保持谦虚、低调的态度，要有宽广的胸怀。对于大多数女人来说，这说得很容易，做起来却很难。女人都有自己的虚荣心，不愿意低下身子谦卑地向别人请教，这些无谓的虚荣心变成了女人优化自己性格过程中最大的障碍。女人的态度有多谦逊，有多真诚，就能够学到多少真东西。学习别人性格中的优点要谦虚，“满招损，谦受益”，沾沾自喜、自我满足是学不到任何优点的。只有采取虚怀若谷的态度，才能切实看到别人性格中的长处和优点，自觉意识到自身性格中的差距与不足。

女人如果自负地认为自己的性格很完美，不需要任何完善，那么她很快就会被身边的亲朋好友疏离。相反，如果女人能低调处世，虚心学习朋友们性格中的积极因素，那么她就会得到朋友们的好感和帮助。

女人要想学习别人性格中的优点来优化自己的性格，就一定要学会倾听。俗话说“山外有山，人外有人”“忠言逆耳利于行”，这些古话都在告诉女人，要低下高傲的头，放下无谓的自尊心，认真地听取别人的意见。别人的意见中会告诉女人很多她自己性格中的弊端，这些弊端又是女人优化自己性格时必须要克服的缺点。

一个人的能力毕竟是有限的，在女人的人生中，肯定会有些东西未曾掌握或根本无法理解，通过倾听他人的意见，女人可以获得意想不到的信息。只要女人谦虚地去请教每位性格中散发亮点的朋友，每一个朋友都会乐意把自己性格中的优点和她分享。

但是“倾听”并不是一言不发地单方面听取别人的意见，那样对方感受不到你的诚意，也就不会愿意说出自己对问题的真实看法。在交谈中，人们都害怕透露自身的不足，因此谈话会有所保留。在这种氛围中，女人是学不到太多有利于优化性格的优点的，要想让对方敞开心扉，打消疑虑，你要站在对方的角度与他们一同分享他们的感受。一旦对方觉得与你交谈很安全，而你又打心眼里欣赏和佩服他时，他一定会乐意向你敞开心扉的。

实际上，每个人都需要有人与他一同分享自己对性格的感悟，但人们又害怕得不对方的认同。女人要想学习对方的优点，就要用宽容的心去了解他的内心感触，即使自己不认同对方的观点，也不要横加指责，要赞同他肯表达出来的勇气。每个人的思想感情基本上都是相似的，女人即使不接受这些观点，但赞同的态度会得到得到人们的好感。对方的情感得到了认同，便会全心支持你，这对你优化自己的性格有不可估量的作用。

女人在学习别人的性格优点的过程中，还要善于思考，要学习别人性格中的精华，包容他们性格中的缺点，抓住他们性格中的精髓，来优化自己的性格。学习别人的公正，而宽容他的刚直；学习别人的质朴，而宽容他的愚滞；学习别人的耿介，而宽容他的狭隘；学习别人的恭敬，而宽容他的疏远；学习别人的善辩，而宽容他的狂肆；学习别人的诚实，而宽容他的拘谨。

学习别人性格中的优点，女人必须克服浮躁之气，要在学习的基础上结合自身实际情况进一步深入思考，进而使自己的性格得到完善。

利用性格中的积极因素

女人要想优化自己的性格，改变自己的人生，就要利用好自己性格中的积极因素。

每个女人都承认，性格与命运是息息相关的。女人的性格构成十分复杂，并不是由单一一个因素构成的。在女人性格完善、成熟的过程中，她或多或少都会受到不同环境、不同事情的影响，因此，每个女人身上都会存在“积极”“消极”这两种截然不同的性格因素。这两种因素都在试图去控制女人的性格取向，这时，占有上风的性格因素就成了决定女人性格品质乃至人生命运的决定性因素。积极的性格因素会给女人一个积极的心态来面对生活中的种种挑战，并帮助女人抓住机遇走向成功。因此，女人要想优化自己的性格，改变自己的人生，就要利用好自己性格中的积极因素。

慷慨是积极的性格因素，慷慨包含着许多方面的内容，如精神方面的慷慨，情感方面的慷慨，物质方面的慷慨等。慷慨并不是单方面地指金钱、感情的舍弃或牺牲，而是在奉献自己的同时，真诚地敞开心胸，去获得一种精神上的满足感。

有一年，某市流行感冒盛行，医生和护士应接不暇。一些妇联会的热心老人决定要奉献自己的爱心。她们大多都是有地位、有权势的富太太，如果只是捐些钱、捐些衣物实在是太容易了，但是这些人并没有这样做。她们穿上干净、朴素的衣服，到医院清洁环境，帮病人打饭，安慰病人和他们的家属。她们大都年过半百，但丝毫不顾劳累和被传染的可能，出现在医院的各个角落。

这些妇联会的老人是慷慨的，她们不是用金钱，而是用自己生命的活力去拯救病人，给她们带去生的希望。

真诚同样是女人性格中的积极因素，它是判断女人精神境界的标尺。性格中缺乏真诚因素的女人是麻木的，她时时刻刻用一张假面具来面对生活中的人与事。没有真诚的交流，不能获得人们的理解，因此等待她的只有冷漠、欺瞒。

有真诚性格的女人随时随地都在体谅他人，她们用平等、理解的眼光看待世界，不轻视每一个人，尊重每个人的想法。这种性格的积极因素会激发女人的高尚情怀，让她的性格更加完美。

乐观的性格因素也会对女人的人生产生积极的影响。乐观性格的女人一般都会很快乐，她们精力充沛，生气勃勃，正是因为乐观的性格帮她们摆脱了生活中的烦恼。有些女人却认为自己不快乐，原因就在于她们总是自寻烦恼。生活中，女人不能控制自己去做所有令自己高兴的事，但是乐观的性格能帮助她从自己做过的事情中得到最多的乐趣。这些乐趣能让女人在为人处世中得到更多的感悟。

女人要把握自己的命运，优化自己的性格，就要让积极的性格因素支配自己的性格，在积极因素的影响下，女人的性格也会呈现出积极的一面，开朗、乐观、真诚、率真的性格能帮助女人在人生之路上走好每一步。

不要让坏性格毁了你

有些坏性格会给女人的人生带来不必要的麻烦，甚至不被社会所接受，女人要优化自己的性格，改掉那些不好的性格，不要让坏性格毁了你的人生。

不同的性格造就女人不同的命运，因此，女人不要让坏性格毁了你的一生。

懦弱的性格是女人不幸的根源，这种性格的女人生性脆弱，遇事优柔寡断，她们胆小怕事，总想把大事化小，小事化了。有时候她们把问题看得太简单，故意忽视困难，但当困难阻碍了她们的发展，已经不能被无视时，她们就只会悲观地等待失败。生活中，她们时常感到茫然失措，由于性格的懦弱，她们接连错过一个个良机，最后无奈地被现实吞噬，把完美的人生断送在自己懦弱的性格中。

自私、狭隘性格的女人在社会上也是不受欢迎的，这种性格的女人大多只会考虑自己的利益得失，从来不会真诚地为别人着想。这种膨胀了的虚荣和私心扭曲了她们的心灵，一旦遇上不顺心的人或事，她们就会心生怨恨，甚至打击报复。她们要求身边所有的朋友都要配合自己、满足自己，这种自私的性格会使所有人都对她们敬而远之。

忧郁不是一个好性格，它会让女人陷入痛苦、焦虑、悲哀的情绪中无法自拔。拥有这种性格的女人，她们内心世界的大门始终紧闭，这阻断了女人与外界情感的交流。女人是害怕寂寞的，她们热切地期盼一份属于自己的情感，但又十分害怕会被别人拒绝。忧郁的性格让她们始终处在悲观的情绪里，束缚着她们的思想。女人害怕在与人交往的过程中被别人发现自己的弱点，因此始终让自己保持一种戒备的姿态。这种对人戒备的姿态使得女人失去了真诚待人的诚恳，也使得对方无法与她们交心。女人只得继续痛苦、焦虑、悲哀，这种恶性循环都是由女人的忧郁性格造成的。

性格阴险的女人虽然看上去美丽动人，却让人避之唯恐不及。贪婪的心性使得她们变成了欲望的奴隶，这种性格的女人为了达到自己的目的，从来不考虑后果，为了自己的欲望，她们往往不择手段。欲望使她们失去了理智，她们玩弄伎俩，口蜜腹剑，用假象蒙蔽别人，不顾道德廉耻来达到自己的目的。这种女人即使一时得到自己想要的，但却会失去更多。当她们觉悟时，身边已经不再有人相信她们，帮助她们，是阴险、贪婪的性格让这种女人遭到了世人的唾弃。

性格暴躁的女人总是会突然大发雷霆，大声斥责自己的亲人或同事，也许她并没有恶意，但是她的行为经常伤害到周围的人，最后她才会发现，她周围的朋友全都对她敬而远之。性格暴躁的女人往往是急脾气，她们对自己的生活和工作要求十分严格，因此也严格要求周围的亲人和同事，一旦大家达不到她的要求，她就会发火。作为家长，她希望孩子学习好；作为领导，她希望工作能做得完美；作为爱人，她希望丈夫能事业有成，然而生活并不是那么容易的。孩子总是会有发挥失常的时候，考试不能拿满分；工作中也会有意外发生，无法高质量完工；丈夫也有自己的烦心事，也许不能马上加薪升职。性格暴躁的女人不知道克制自己的脾气，不懂得体谅他人的难处，只知道发脾气，久而久之，就不会再有人愿意与她相处。

性格多疑的女人一般城府较深，这种性格的女人对人有着敏锐的观察力，对不同事物有独到的见解，但是她们对人过度警惕，不信任别人。这种性格的女人在与人交往时一般都工于心计，左右逢源。她们与人交往的能力很强，懂得应变进退，但别人很难看清她们真正的想法。这种女人好像一直戴着一张假面具，让人琢磨不定，你不知道她是否真诚地对待你。多疑的性格使女人不容易交到知心的朋友。

性格傲慢的女人总是会让人心生不快，这种性格的女人有种天生的优越感，她们在举手投足之间都会流露出一种盛气凌人的架势。这种性格的女人不懂得尊重别人，她们举止无礼，出言不逊，在工作中总是对别人指手画脚。她们有很强的领地意识，在工作和生活中不希望任何人干涉自己，但一旦她决定了什么，不管情况如何都要强加在别人身上。有些女人从外表上看好像充满了气势，但其实她们的傲慢只是一种无礼的表现，并不具备骄傲的资本。在人际交往中，她们不懂得尊重别人，因此也不会有人尊重她们，到头来，傲慢的性格使得她们像小丑一样，一个人站在人生的舞台上表演。

女人都出生在不同的家庭，在不同的生活环境中成长，有着不同的生活方式，也自然就养成了不同的性格。每一种性格都会为不同的家庭所接受，但有些性格却给女人带来不必要的麻烦，甚至不被社会所接受。女人要优化自己的性格，改掉那些不好的性格，不要让那些坏性格毁了自己的人生。

{Chapter 4}

睿智女人，洞悉完美人生的性格特质

每个女人都是独一无二的，虽然女人的性格有相似之处，但在具体的表现形式上却是各有千秋。与生俱来的性格，无时无刻不在影响和左右着女人。擅用性格常常使女人一帆风顺，不擅用性格则会引发诸多矛盾和冲突。好事业和好爱人都不会从天上掉下来，好日子更不会凭空变出来。幸福不是靠机会或命运，而是存在于每个人的性格里！性格是一座宝藏，女人要不断地挖掘自己的性格优点，然后不断打磨它，让它越来越光亮。

女人的性格与命运紧密相连

性格并没有好坏之分，关键是女人怎么去运用好性格让自己得到成长，性格与命运是密不可分的，女人只有主宰自己的性格，才能把握自己的命运。

心理学家告诉女人，性格不仅影响人的身体健康、婚姻家庭，也影响一个人的人际交往、职业升迁、事业发展、经营理财等，在潜移默化中，性格造就了女人今时今日的命运。良好的性格让女人不管是在顺境还是在逆境中，都能积极地面对；不良性格会让女人走尽弯路，受尽挫折，甚至在关键时刻毁掉她的好运气，造成悲惨的结局。

一个人的成功，有时并不是因为能力有多强，而是由于性格的优势；一个人的失败，往往并不是因为能力有多差，而是由于性格的缺陷。性格决定命运，决定人生成败，掌握自己命运的人一定是具有优势性格的人。

8 岁时，被赶出居住的地方，他不得不早早工作养活自己；21 岁时，初次经商失败，他血本无归；22 岁时，角逐州议员，落选；27 岁时，精神崩溃，卧床 6 个月；35 岁时，参加国会大选，失败；36 岁时，角逐联邦众议员，再度失败；40 岁时，寻求众议员连任，失败；41 岁时，想担任州土地局长，被拒绝；46 岁时，竞选国会参议员，失败。

你也许不知道，这张"失败"的履历表上所列的"失败者"的名字就是美国著名总统亚伯拉罕·林肯。林肯一生都在与挫折搏斗，尽管他多次经商失败，竞选失败，但这并没有把他打倒。坚毅、自信的性格使他不但没有放弃，反而勇敢地接受命运的挑战。在林肯 52 岁时，他终于成功地当选为美国第 16 任总统。正因为林肯始终坚信自己会成功，他才能成为名垂青史的伟大领袖。

以史论今，我们不得不承认，不同性格的女人在命运的转折点上会有不同的选择，因此就造就她们迥然不同的命运。性格可以帮助女人找到真实的自己，从而理解自己的思想，找到自己未来的努力方向。每个女人的性格中都有优势存在，关键是女人怎么去运用好性格优势让自己得到成长。性格与命运是紧密相连的，女人只有主宰自己的性格，才能把握自己的命运。

李斯是秦朝一位著名的大学者、大权谋家、大政治家。当年他不甘心屈就在丞相吕不韦的门下做一个小官，白白浪费自己的满腹才学。在仔细分析当时的国情后，李斯当机立断上书秦始皇，拥护秦王建立帝业、一统天下。他敏锐的政治眼光和雷厉风行的作风受到了秦王的赏识，在随后的几次重大历史事件中，李斯自信、果断的性格让他正确判断形势，为秦始皇提出了很多强国利民的良策。由于他的谋略卓有成效，秦王十分信任他，最后李斯官拜宰相，正所谓一人之下万人之上，风光无限。如果李斯能够一直将他性格中卓越的一面发挥出来，他也许会成为一个名垂青史的文人。但史实告诉我们，李斯由于心胸狭窄、多疑善妒，害怕比他更有才华的韩非取代自己的地位，竟利用秦王的信任害死韩非，最后自己也落得个受五刑、诛三族的悲惨命运。

李斯的下场可以说是悲惨的，之所以如此，是由于他心胸狭窄、多疑善妒的性格决定的。只是因为嫉妒别人的才华而去置人于死地，这种性格注定会为他树立很多的敌人，女人要从中吸取教训。快节奏的生活，让女人越来越感受到生活的紧张，在这样一个大环境中，女人由于身心的承受力脆弱，因而在家庭、社会、事业的压力下，无法克服一些不良性格，比如多疑、固执，犹豫、自卑等，这些不良性格无疑成了女人通往成功之路的性格陷阱，女人一定要设法跨越它、克服它。

当年皮尔·卡丹独自来到巴黎闯天下时，最初只是在一家服装店里当学徒。在这期间，皮尔·卡丹与服装结下了不解之缘，虚心好学、勇于尝试的性格帮助皮尔·卡丹改变了他一生的命运。

不久，皮尔·卡丹在“世界时装之都”巴黎有了一点儿名气，一些达官贵人都愿意请他设计、加工服装，因为他在设计上力求大胆创新，赢得了大家普遍的好评。通过不懈的努力，1950 年，皮尔·卡丹创建了自己的服装公司。当时真正称得上高级时装公司的只有三十几家，皮尔·卡丹的小公司更是微不足道，但他敢想敢做，不断谋求新的经营理念，不懈地开拓创新迎接挑战。当皮尔·卡丹的服装品牌在女式服装领域取得了不俗的反响之后，他又把目光转向男式服装领域，从始至终没有停下前进的脚步，最后终于成为享誉全球的著名时装品牌。

皮尔·卡丹的发家史，实际上也是他敢想敢做、不断开拓的奋斗史。它告诉女人，一个人良好的性格能激励他不懈追求和果敢行动。

每个女人的性格都不可能是完美的，总会有这样那样的毛病。世界上没有最好的性格，只有更好的性格。当女人拥有自信、果敢、独立、热情、温婉、细腻等性格优势时，势必会拥有一颗赤诚之心，这种女人注定能找到通往幸福生活的路，并能一路顺利地走下去。

性格也能左右女人的财运

性格能够左右财运，女人如果能培养自己良好的性格，发挥性格的长处，也许就会一生财运亨通。

根据美国一份权威调查结果显示，大部分的富人智力水平中等，但情商却很高。我们都知道，情商的要素基本上都包括在性格之中，因此，我们可以得出一个结论，性格也能左右财运，女人如果能培养自己良好的性格，发挥性格的长处，也许就会一生财运亨通。让我们来看看几个富翁的代表，看看他们是如何用自己的性格来左右财运的。

说到富翁，卡内基是一位不得不提的人物，他是一位因战争而发家的大富豪，美国的钢铁大王。他思想敏锐，善抓良机，勇于面对挑战，是创新性格的代表人物。这种性格的人创造力非凡，想象力丰富，他们善于发现商机，掌握信息，往往能在别人未出手之前就开拓新商机，从而创造新财富。

卡内基最初发迹是由于他在股票投资中敏锐的商业直觉，在所有人对钢铁行业还持观望态度时，他利用自己掌握的信息和成本会计知识，果断地买下钢铁公司股份并投入实产。灵活变通的性格让卡内基没有拘泥于当时的形势，在所有人都不看好这笔交易时，他抢先一步在美国开设了几家钢铁公司，奠定了他的钢铁业基础，随后美国军方对钢铁业的重大需求证实了卡内基的远见卓识，他一跃成为美国最富有的企业家之一。

卡内基之所以能获得财运的垂青，与他勇于创新、灵活应变的性格特征分不开，女人要从中得到启示，你可以没有卡内基那般超人的气魄，在商业直觉上也可以没有他精准，但有一点女人一定要学习，就是他身上灵活变通、绝不墨守成规的性格特点。女人懂得了变通，才能把视野放宽，当女人的视线不局限于眼前的小利益时，才能看到长远的商机，正所谓放长线钓大鱼，“大鱼”才是能改变女人一生财运的机遇。

罗伯·胡雅特是一位与卡内基比肩的富人，但他与卡内基的成功方式不同。罗伯·胡雅特没有卡内基那样敏锐的商业眼光和果断的行事作风，他只是一直勤勤恳恳地努力工作，凡事任劳任怨。作为踏实、沉稳性格的代表人物，罗伯·胡雅特以自己脚踏实地的做事风格积累起惊人的财富，并受到同行的敬重。

由于家境贫穷，罗伯·胡雅特从小就被母亲送到一家大饭店做杂工。杂工是饭店最底层的工种，干的是又脏又累的活。但胡雅特并没有挑剔，他尽职尽责地完成自己的工作，并努力做到最好。后来在他的努力下，他获得了饭店间交换学习的机会。勤奋的胡雅特下工夫苦学语言，在交换工作期间努力充实自己，不断学习对方饭店的优势。通过勤奋努力，他以优异的表现完成交换学习并得到升职。面对副经理的头衔，胡雅特没有被冲昏头脑，他依然兢兢业业地努力工作，对每件工作都认真对待。有一次，胡雅特被派到美国的华尔道夫大饭店做副经理，但令人惊讶的是他并不愿意坐在办公室装装样子，他竟然主动提出到餐饮部去做擦地的工作，并乐在其中。

这就是胡雅特的本色，他虽然文化程度不高，但他能依靠着踏实、沉稳的性格从社会的最底层爬上来，最终成了世界著名的洲际大饭店总裁。在罗伯·胡雅特身上，女人不能只看到财运的垂青，还应该看到财运不是偶然到来的，而是不断努力的结果。女人要像罗伯·胡雅特一样脚踏实地地努力工作，才会受到机遇的青睐。

还有一种性格的女人与财富最有缘，财运之路也最广阔，这种性格的女人精于盘算，细于筹划，精细而敏锐，冷静而机智，客观而善变，常常能以小见大，由一点一滴盘算筹划出大江大海。美国富豪约翰·洛克菲勒就是这种性格的代表人物。

众所周知，约翰·洛克菲勒是美国石油垄断行业的领头人物。在生意场上，他始终保持冷静、警觉的头脑，从而避免了多次失误。他富有远见，凭借自己独有的魄力和手段，白手起家，一步一步地建立起洛克菲勒家族的石油托拉斯帝国。直至今日，洛克菲勒家族的财富到底有多少，恐怕连他们自己也说不清。透过他们的传奇经历，我们不难看出精细的性格对财运的极大影响。如果女人能拥有这种性格，那她必定有一颗认真做事的心，其财源自然便会滚滚而来。

女人不要再自怨自艾了，既然你不比别人差，那为什么不如别人有钱呢？原因不外乎你对于赚钱的方法一无所知，同时也没有发挥足够左右自己财运的性格优势。女人要擦亮自己的眼睛，发扬自己勤奋、踏实的性格，抓住机遇，勇于尝试，遇事冷静分析，精打细算。女人努力做好这几点，就已经具备了主宰自己财运的资本。

好性格护航女人健康人生

好性格可以护航女人的健康人生，乐观、平和、宽容的良好性格能保护女人的身心健康，使她较少被病痛折磨。

现代社会的高度文明给女人带来了空前的压力，造成了女人心理、躯体上的种种不适应。近代临床病理学的研究也充分显示，那些性格暴躁而又不能随意发火，只能压抑自身愤怒情绪的女人更容易患上高血压、冠心病、癌症等重症疾病，那些性格懦弱、经常忧心忡忡的女人总是处于身体疲惫的状态。

《三国演义》里东吴大都督周瑜就是一个因自身性格缺陷而导致重病的典型。周瑜的性格特点是争强好胜、容易动怒，相比于老对手诸葛亮的稳重、成熟，周瑜在生活中经常处于紧张状态，结果最后因为无法排解心中积郁的怒气而吐血身亡。后人总笑传周都督是被诸葛亮活活气死的，试想，如果身经百战、文武双全的周瑜能够用平和地心态对待当时复杂的局势，又岂能轻易地被诸葛亮料中而多次中计呢？就算中计，如果他能有效疏解自己的愤怒情绪，用乐观的态度看待之后的发展，他也不会年经轻轻就命丧黄泉。

好性格可以护航女人的健康人生，女人积极的性格能帮她克服那些容易患病的不良性格，乐观、平和、宽容的良好性格能保护女人的身心健康。

有些女人性格有些“神经质”，凡事太在意、太认真、不知通融。这种性格的女人因为生活的压力太大，因此对自己身心的状态十分敏感，总是担心自己患了重病。她们多半把原本很平常的身体感觉理解成异常状态，在没有得到医生的正确诊断前胡思乱想，有时甚至会因自己的空想而忧郁成疾。

《出家和弟子》及《爱和认识的基点》的作者仓田百三也饱受“神经质”的折磨，患有现实丧失症。他曾在作品中记录他发病时的症状：“大正十五年二月的一个傍晚，我像往常一样站在屋檐下向西面的天空频频眺望。只见夕阳西沉，晚霞满天，忽然此时有一种异乎寻常的奇特情绪在我心中徐徐升起。面对这夕阳胜景，我的内心居然无动于衷，好像什么也没看见似的。

对此我自己也觉得不可思议，于是再竭力地凝视天空，可视力却越来越模糊，对这一切视而不见，丧失了感觉。”

由于写作的巨大压力无法有效排解，仓田百三常常耳鸣，在他眼中静物好像也在移动，他一直备受这种折磨。仓田百三与冰心虽然从事同一种工作，但由于性格、处世风格的不同，他们的健康状况并不相同。冰心一生性格平和，最后安详离世；仓田百三饱受现实丧失症的折磨，身体状况一直不好，虽然他在文学界拥有很高的名望，但却无法得到健康的人生。

女人的许多不幸、疾患都与性格息息相关，好性格可以护航女人的健康人生，女人虽然不能控制自己先天的遗传因素，但却有能力掌握和改变自己的性格，所以女人不要再优柔寡断、患得患失了。遇到困境，发愁只会伤害你的身心健康，对摆脱困境没有任何帮助，乐观向上、平和宽容的性格可以帮女人缓解压力。因此，为了自己的健康人生，女人要培养自己的良好性格，保护自己的身心健康。

健康人格来自女人的好性格

良好的性格是女人健康人格的重要组成部分，又是保证女人心理健康的重要条件。

在生活中，拥有健康人格的女人能客观地认识自己和评价自己。面对现实，她们既不自负也不自卑。这种女人能发扬自己的能力和才干，对于自己身上的缺点和不足，能努力地去克服和改正。健康人格的女人对现实世界的认知是客观的，她们不会以自己为中心，掉入自负自大的性格陷阱。

有些性格粗暴、心胸狭窄、多愁善感的女人享受不到生活中的欢乐，她们难以和他人融洽相处，反而会因气量狭小、猜忌多疑的性格而造成许多不应有的矛盾和摩擦，影响自己的人际关系。要改变这种现状，女人就要对生活、对事业充满憧憬和热爱，充满自信的同时也要脚踏实地地去努力，具备了这些良好的性格，女人健康的人格就有了保障。

对于女人来说，健康人格是重要的，对于社会它也同样重要。离开了健康的人格，女人就不能充分展示个人的才能和价值。一个女人要在社会中，甚至在其家庭中，做一个有作为的参与者，就必须要有健康的人格，能够和他人建立积极的关系。那种性格充满猜忌、嫉妒，只顾自己的人，不但不能参与到社会活动中，而且还会破坏自己的人际关系，与人交恶。因此，培养健康的人格，不仅是女人自身的要求，也是社会的要求。健康人格的女人应当对自己充满信心，有成绩不骄傲自大，有缺点不低头自卑，真诚地关心他人，对有成就的人不嫉妒，对生活抱以热情、友好的态度。

拥有健康人格的女人总是会乐观地对待自己的生活和工作，她们对自己之后的人生目标充满了信心，能够克服不良性格的影响，面对挫折不会忧郁、消沉，相反，她们时刻保持一种坦然的态度来享受人生。宽容、平和的性格使女人保持内心平衡的同时又能保持着旺盛的创造精神，借着这股精神，女人能够积极地开拓创新，把不断创新当作生活的必然要求，不满足现状，不故步自封。以这种性格为基础，健康的人格会帮助女人发挥她自身的优秀潜能。

面对错综复杂的社会，即使是良好性格的女人，有时也会因遇到难以解决的困难而感到迷惘，这时，健康的人格能帮助她提前预见人生挫折、事业威胁和人际冲突，使女人成熟理智地处理自己与他人、与社会的关系。拥有健康人格的女人在遇到挫折、威胁、冲突的时候，常能冷静分析自己的得失，放弃自己不切实际的计划，将损失降到最小，而不是让易怒的性格破坏自己和社会的利益。

拥有健康人格的女人是智慧的女人，她对现代社会的知识和文明持有一种肯定的态度，对生活怀有远大的、现实的奋斗目标。健康人格的女人注重并善于从知识宝库中提取养料，培养自己的智慧和提高自己的聪明才智，她们追求知识，并在学习和工作中好学谦逊，积极向上，奋发进取，充分地发挥自己的聪明才智，竭尽全力获取最大的成就。勤奋、谦逊的性格使女人从知识的海洋中学会正确认识自己的方法，有效宣泄自己的愤怒和不快乐的情绪，从而减少心理压力。良好的性格使女人形成自己良好的文化素养、道德素养和思想素养，克服忧郁、消极的性格影响，用乐观开朗的态度面对人生，使自己在工作和生活中获得不俗的成就。

幸福女人懂得发挥性格长处

每个女人的性格中都会有优秀或不足的一面。幸福的女人之所以幸福，不仅是因为她有好性格，更重要的是她们知道如何回避性格之短，发挥性格的长处。

每个女人的性格中都会有优秀或不足的一面。幸福的女人之所以幸福，不仅是因为她有好性格，更重要的是她们知道如何回避性格之短，发挥性格的长处。

从前有一个穷人，他很信奉神明，每天都诚心地祈祷烧香。天上的神明被他的诚心所感动，想帮他完成自己的心愿，于是便问他："你如此虔诚，是为了求得什么呢？"这个穷人答道："神啊，请答应我的请求吧，我想要自己心想事成。"神明答应了他，从怀中取出一个宝瓶交给他，说："这是一个宝瓶，你要把它保存好，它会帮你心想事成的。"

说完之后，神明就消失了。穷人开心极了，他对宝瓶说，"我想要豪华的住宅，成群的车马，还有许多许多的财宝。"果然，宝瓶有求必应，给他变出了他想要的豪华住宅、车马和财宝。穷人开心得有点得意忘形，不禁手拿宝瓶，跳起舞来。谁知，没跳几步，就脚下一滑摔倒了，只听"啪"的一声，宝瓶掉到地上摔碎了。而那些由宝瓶变出的住宅、车马等大量财物，也在瞬间消失得无影无踪。穷人傻傻地跌坐在地上，他又变得一无所有了。

女人良好的性格就如同这个有着神奇力量的宝瓶，它能帮助女人实现所有的愿望。不同的是，女人拥有的好性格并不是老天赐予的，而是女人本身具有的，如果女人不能发掘出自己性格的长处，就会像那个摔坏宝瓶的穷人一样永远一无所有。相反，女人一旦发挥出自己性格的长处，就会获得惊人的力量。

在美国，一个残疾女孩生下来的时候只有一只左脚和一只畸形的右手，女孩的父母从不让她因为自己的残疾而感到自卑，他们一直告诉自己的孩子，她和别人没有什么不同。在家人的教导下，女孩一直十分自信，尽管有时身体的残疾让她做事十分困难，但她坚信自己能做到，后来她真的能做到任何健全人所能做到的一切事情。

女人要明白，幸福或不幸的人生并不是由上天决定的，女人如果不能完善自己的性格，就永远无法改变自己的命运。当女人能灵活发挥性格的长处时，一定要坚信自己能够实现，并为之不懈努力，那时你自然就会心想事成。

好情缘青睐好性格的女人

女人要想收获一段属于自己的好情缘，就要培养自己自尊自爱、温柔宽容的好性格，这种性格的女人往往在最关键的时刻显现出她的独到之处，好情缘自会青睐于她。

怎样才能收获好情缘呢？每个女人都有自己的答案。有的女人说丈夫在外工作一天，回到家里要给他做可口的饭菜，拴住他的胃才能留住他的心；有的女人说要让丈夫时刻感到自己的温柔体贴，百炼钢也能成绕指柔；有的女人说要与丈夫共同开创事业，同甘共苦婚姻才能长久。这些答案都对，但并不全面，其实要想收获好情缘并不难，关键是要做一个好性格的女人。

在爱情面前，女人首先要忠于自己，自信、自尊、自爱、自立、自强，才会爱得有尊严。尊严是一个女人的气节，也是女人自信的表现。要知道，爱情并不是女人生活的全部，好性格的女人首先必须具备的就是自尊自爱的性格。这种性格的女人懂得自己要在爱情中成长，她们爱得愈来愈理性，不会深陷其中，迷失自我。即使有一天遭拒绝或分手了，她不会痛哭流涕地乞求男人留下，她会让男人知道：“没有你我也能生活得很好”，只有这样，女人才永远不会成为爱情的输家。

好性格的女人在爱情中会有一条自己的底线，尽管她为了收获一段好的情缘可以付出很多，但如果这段感情让她没有尊严，她是不会因为爱而付出一切或放弃自己的尊严的，这样的女人在爱情面前才能高昂起头。由于天性使然，女人总是会全身心地投入感情去经营一段情缘，但并不是说付出就一定会有收获。好性格的女人知道爱惜自己，知道要时刻维护自己的尊严。

自古以来，女人就给人像圆月般温柔可人的印象，女人不仅纤细、温顺，同时她们缠绵、纯情的特质也是收获好情缘的法宝。温柔是女人性格的一个方面，但并不是所有的女人都会发挥自己温柔的性格来展现魅力，收获好情缘。为此，女人特别要控制自己的情绪，把那些影响温柔性格发挥的不良因素彻底抛弃。

凡事斤斤计较、一点小事就生气烦恼的女人很让人厌烦，但也很可怜。生活中充满了各种不如意，每个女人的一生不可能没有烦恼，家庭矛盾、人生不幸随时都可能出现。女人要怎样才能最大限度地发挥自己的性格优点，避免这些不幸和烦恼呢？其实很简单，不妨做个“糊涂”女人。

好情缘对女人来说是可遇而不可求的，每个女人都会很认真、很真诚地对待自己的那段情缘。但有些时候，“糊涂”女人却能轻易地收获好情缘，这是为什么呢？

“糊涂”是女人温柔性格的一种表现，它既可使矛盾化解，又可使紧张的气氛变得轻松、活泼。女人的“糊涂”不是逃避现实，不是软弱处世，她蕴含着温柔的力量，可以让不满、愤怒等不良性格都融化掉。温柔性格的女人可以使所有的争吵都消失殆尽，她就像一场悄无声息的春雨，让紧张的气氛、无奈的生活与干枯的心灵都得到滋润。好情缘青睐于这种性格的女人，因此，女人要在自己的日常生活中，注意提高自己的涵养，培养女性的柔情。

如果温柔的性格使女人像天上的圆月般惹人喜爱，那宽容的性格会让女人像大海般让人着迷。宽容大度的女人懂得生活，她知道什么时候该退让，她们有眼光，知道把握分寸，对感情的拿捏恰到好处。好情缘青睐宽容性格的女人，因为宽容大度的女人不喜欢斤斤计较，在与人发生争执时，不容易记恨，而且总是首先退让，向对方道歉，男人都喜欢和这种性格的女人相处。

在夫妻生活中，越是固执己见、不肯退让的女人，越是让男人厌烦，她们的这种做法只会让好情缘更加远离自己，而不会有别的结果。宽容性格的女人能够像大海般包容他，使自己的感情越来越和谐、美满。现实中有很多这样的例子，本来是一件很小的事，可是夫妻双方越说越凶，非要争个谁对谁错不可，最后闹得不可开交。如果这时妻子是个宽容性格的人，无论是否错在自己，她只要退一步，轻轻地说句“我错了”，那么丈夫必定理解妻子的用心，再大的隔阂和争论也会瞬间风平浪静。

女人是最怕孤单的，她们总渴望能有个好情缘陪伴自己走完一生，但是爱情的道路上从来都不是一帆风顺的。男人和女人是两个不同的群体，他们有着彼此完全不同的性格，因此，相处之中必然有摩擦、冲突。女人要想收获一段属于自己的好情缘，就要培养自己自尊自爱、温柔宽容的好性格，这种性格的女人往往在最关键的时刻显现出她的独到之处，好情缘自会青睐于她。

好性格塑造女人好心态

女人的一生是自我塑造的一生，好性格才能塑造女人的好心态，乐观积

极的好心态能帮助女人克服不良性格的影响，从而改变自己的命运。

女人一生中总是会遇到这样或那样的突发状况，好性格的女人总是用开朗、乐观的心态面对生活，这种生活态度使女人拥有了量力而行的睿智和远见，乐观积极的心态能帮助女人克服不良性格的影响，有效地解决问题。

杰瑞是一个拥有积极心态的乐天派，他对任何事物都抱有乐观的看法，所以无论何时他的心情总是很好。受他的影响，他身边的朋友、同事也都时刻笼罩在开心、快乐的氛围里。

每天早上一醒来，杰瑞就不断地告诉自己："杰瑞，你今天有两种选择，你可以选择开心愉快，也可以选择忧郁烦恼。你要选什么呢？"他冲着镜子中的自己笑一笑，自问自答道："还用问吗，我当然选择开心愉快了，既然开心也是一天，不开心也是一天，那我当然要开心啦。"乐观的心态使杰瑞不断地在生活中得到成长，发生坏事，他不会选择做一个可怜的受害者，而是主动从中吸取教训，避免下一次犯同样的错误；面对别人的抱怨，他不会做一个"垃圾桶"，而是睿智地帮对方指出问题的解决办法。对他来说，人生有时就是一种选择，他要做的就是选择自己如何面对生活，选择心情舒畅地努力工作还是糟糕透顶地抱怨人生。

杰瑞的乐观心态甚至把他从死亡的边缘拉了回来，拯救了他的生命。事情是这样的，有一天早上，杰瑞被三个持枪的强盗拦住了。强盗因为紧张而受了惊吓，对他开了枪。幸运的是，他被发现的较早，送进了急诊室。在昏迷中，杰瑞对自己说，"我中枪了，现在只有两个选择：一是死，一是活，我选择活，我要活下去。"在抢救的过程中，医护人员对杰瑞能否生还不抱任何希望，但杰瑞的乐观心态使他重新燃起求生的意识。当护士问他是否对什么东西过敏时，他马上答有。所有的医生、护士不得不停下来等着他说下去，他用尽全力大声吼道："子弹！"后来，杰瑞活了下来，一方面要感谢医术高明的医生，另一方面得感谢他那开朗、乐观的心态。

女人有什么样的性格，就会用什么样的心态对待生活。良好的性格塑造了女人良好的心态，但是没有人天生就拥有良好的性格。古语说"玉不琢，不成器"，女人的良好性格，是经过千锤百炼才打磨出来的。

圣诞节是美国最重要的一个节日，在美国人心中，圣诞树代表了温暖安详的家庭，所以每年 12 月 1 日，纽约广场都会举办一个为圣诞树点灯的仪式。被挑中的圣诞树硕大无比，十分完美，据说它是从宾夕法尼亚州的巨大杉树中千挑万选出来的。

一位画家深深地被圣诞树的美丽所吸引，他带领着自己的学生去写生。

"老师，你以为那巨大的圣诞树真的那样完美吗？"一个女学生神秘地笑道。

画家很奇怪："这棵树是千挑万选出来的，难道还能不完美吗？"

女学生摇摇头，说："多好的树都有缺陷，都会缺枝少叶。我丈夫在那里当木工，是他用其他的枝子补上去，我们才能看到现在这颗完美的圣诞树。"

画家恍然大悟：一切完美都源自修补。世上的每个人无论多伟大，经历"修补"的过程才能成材。同样，良好的性格也是在不断修补中日臻完美的。

生活中，每个人都希望得到灿烂的阳光，当女人带着乐观的心态去和别人交往时，快乐也能传递给别人。谁也不愿意整日看着一张灰心丧气的脸，女人要用自信、自强的性格对待生活中的挫折，尝试着改变自己的心态，当你用微笑来面对世界时，世界也就对你展开了笑脸。

美国心理学家威廉·詹姆斯说："我们这个时代最伟大的发现是：人类可以借着改变性格来改变自己的人生。"女人要根据你自身的性格和习惯，来打磨和培养良好的心态。自己的命运要由自己来主宰，你是你自己的主人，你完全有能力主宰自己的心态和性格，抛弃悲伤和哀愁吧，同样也请忘记怨恨和愤怒，女人要带着良好的性格和积极的心态来挑战自我，迎接光明美好的明天。

好性格是女人成功的法宝

自信、果敢、独立、热情、温婉的性格是女人成功的法宝，它使女人的性格魅力不断向四处散发，最后获得幸福与成功。

成功的女人是自信、果敢的，成功的女人对生活有着巨大的热情，她们乐观地对待这个世界和周围的人。成功女人身上的良好性格使她们有能力将人们笼络在自己的周围，人们愿意与她们一起工作，成为事业上的伙伴。自信、果敢、独立、热情、温婉的性格是女人的法宝，它使女人的性格魅力不断向四处散发，最后获得幸福与成功。

有些不自信的女人总以为，男人比女人更容易取得事业上的成功，其实，不管是男人还是女人，良好的性格才是取得事业成功的关键。性格之所以重要，是因为它和德、识、才、学等因素一样，是成功女人身上必不可少的重要组成部分。“德”代表着女人的思想高度和道德水平，决定了女人人生的发展方向；“识”是女人精准分析事物的能力；“才”反映着女人的智慧水平；“学”记载了女人头脑中知识的广度和深度。而性格不同，它是女人的度量、意志、脾气、性情的总和，它能影响女人的精神和心态，决定了女人在待人处世方面的行为。

世界上聪明人比比皆是，而成功者却很少。这是为什么呢？其原因在于很多聪明人在有了一定的成功条件时，仍在苛求捷径，从而错失良机；而成功者却从不等待时机，总是主动去创造机会。主动和被动只是一念之差，结局却有着天壤之别。

勤奋、坚毅性格的女人一般都具有宏图大志，面对逆境，她们能屈能伸；待人处世，她们老成持重。所以，她们总是与成功有缘。

有一个女孩对足球十分痴迷，从小就被父母送到体校专门学踢足球。刚入校时，女孩并不是一个很出色的球员，因为之前没有受过正式的训练，她踢球的动作、感觉都比不上先入校的队友，为此，女孩常常被队友们奚落。后来，在职业球员选拔赛上女孩也频频落选，女孩为此情绪一度很低落。平时训练最刻苦、认真的女孩，不明白为什么自己总是不能成功，她看不到未来的希望，最后决定离开体校，离开她热爱的足球。教练见女孩去意已决，默默地看着她，什么也没说。然而，第二天女孩竟收到了职业球队的录取通知书。她激动不已，马上就去球队报到。事实证明，她最喜欢的还是足球。之后，女孩充满信心，她很快便脱颖而出。这个小女孩就是中国女足前国脚孙雯。她讲述这段往事时，感慨地说："一个人在人生低谷中徘徊，感觉自己支持不下去的时候，其实就是黎明前最黑暗的那一刻，只要心中充满希望，再坚持一下，前面肯定是一道亮丽的彩虹。"成就孙雯这个"中国第一女国脚"的正是她坚毅的性格。

还有一个成功的女人也是和"脚"有关，她就是明朝的开国皇后马秀英。

马皇后名秀英，宿州（今安徽宿县）人，祖上曾是当地豪富。父亲马公，仗义好施，家业日贫。母亲郑媪，生下马氏不久即去世了。马公无子，视秀英为掌上明珠。秀英自幼聪明，能诗会画，尤善书史，性格亦倔强。按当时习俗，妇女皆缠足，秀英却坚决不缠，人称“马大脚”。

朱元璋称帝后，接受历史上的教训，不许后宫干预政事。在这种情况下，马皇后既要做到不出头露面，又要做到以其特殊身份、卓越的见识和杰出的才能，悉心补救朱元璋政事上的弊病和漏洞。

明太祖朱元璋的衣履饮食，马皇后都亲自料理省视，而她自己则布衣淡食，极其俭朴，虽然位居极贵，但她一刻也没有忘记贫贱时和战争年代养成的好习惯。马皇后的性格十分宽厚仁和，因此在关系复杂的后宫中很受妃子们敬重。虽然马皇后自己崇尚俭朴，但对嫔妃宫人的子女，她却一点也不小气，都派给了丰厚的生活待遇；对宫中下人她也关心备至，常送些衣物食品，以示体恤；这样一来，宫廷内外的人对马皇后都十分尊敬。明太祖也盛赞她道：“贤后可与当年唐太宗的长孙皇后相比，毫不逊色！”

马皇后与朱元璋在动乱中起家，在富贵中相处，但她既没有借天子之威残害忠良，也没有恃后宫之宠结党营私。她的许多见解和建议被朱元璋认真听取并采纳，甚至被赞誉为至理名言，载入史册，垂范后世。她以“良妻”的身份发挥了“良相”的作用，成为封建时代贤明后妃的楷范。马皇后身居高位仍保持艰苦朴素的作风和宽厚仁慈的性格，作为一名垂范后世的良后，马皇后的一生无疑是成功而幸福的。

以史为鉴，我们可以看出，成功的女人具备不畏强权、大胆果敢的性格，耿直无私、淡泊名利的品行。她们并不独断专行，而是十分谦逊。女人要想像她们一样获得事业和人生的成功，就要利用良好性格这个法宝，它无往不利，定会帮助你早日实现自己的梦想，踏入成功女人的行列。

女人走出困境的性格要素

在人生的旅程中，没有永远挫败的女人，同样也没有永远成功的女人，女人不同的性格是决定她们一生归途的关键，性格足以决定女人的命运。

成功与失败是女人命运的两个极端结果，它们看似遥远但仿佛又近在咫尺，女人命运的转变有时只在瞬息。当你的人生走入困境之时，发挥性格的力量，能帮助你尽快看到“柳暗花明又一村”的景象。

1. 女人要有积极进取的性格

有些命运悲惨的女人总自怨自艾地认为自己生来就是不幸之人，她们总是不停地抱怨命运的不公，其实女人的命运是掌握在自己手里的。居里夫人曾说：“人要有毅力，否则将一事无成。”积极进取的性格能帮女人走出逆境，使她再度走向人生的高潮。

好莱坞著名女演员凯瑟琳·赫本是世界公认影龄最长的女明星。自20世纪30年代从影以来，凯瑟琳一生共获得4次奥斯卡最佳女主角奖，9次奥斯卡奖提名，这对任何一个从事影视事业的女演员来说都是光辉的头衔。但赫本并没有满足于年轻时取得的成绩，她的成功在于她在表演艺术上顽强不息的追求，即使她已年逾古稀，但她仍奋斗不止。1985年，在赫本76岁高龄时，她又推出一部反映老人问题的喜剧片《格雷丝·奎克利的最后出路》并大获成功，当与她同时代的女星早已从大屏幕上消失时，她依然作为好莱坞的常青树获得观众的喜爱。

不断进取、永不放弃的性格是成就赫本事业辉煌的奥秘，这种性格的女人往往会主动地想办法解决事业、生活中遇到的难题，即使失败也不轻易放弃，她们的命运掌握在自己的手里，因此，她们必然会获得幸福完美的人生。

2. 女人要有自信的性格

在美国，有一个黑人女孩生活在满是白人的社会里，无形之中，她受到来自肤色、种族等各方面的歧视。黑人女孩很自卑，她总是低着头，和人说话的时候大气也不敢出，有时看到白人歧视的眼光，她就更加为自己的肤色、家庭而自卑。

直到有一天，女孩看到了一位卖气球的黑人老者，老者布满皱纹的手中握着五颜六色的气球，红的、白的、粉的、蓝的、黄的，最让女孩惊奇的是竟然还有一只黑色的球，她怯怯地问老者："老爷爷，您还卖黑色的球呀，黑色多难看啊，会有人买吗？"老者慈爱地摸着她的头说："孩子，你要记住，气球之所以能升上天空，并不在于它是什么颜色，而是在于装满它体内的氢气。"女孩一下恍然大悟，她手里拿着那只刚刚买来的黑气球高兴极了。从此，女孩变得特别自信，走路也高高地抬起自己的头，后来，她成为美国第一位黑人参议员，一生致力于为黑人谋福利的事业上。

五颜六色的气球固然美丽，但如果没有了体内的那股自信的"氢气"，它是不可能飞上天空的。每个女人都是平等的，当然，也许因为不同的遭遇和环境，女人的心理和生理条件并不相同，但这都不是女人自卑懦弱的理由。无论肤色、相貌、出身，在人格上每个女人都是一样的，自信的女人是永远不会向命运低头的。自信的性格是女人事业成功的阶梯，它能帮助女人打拼出自己的事业，改变自己的命运。

3. 女人要有细心的性格

我们都知道，世上聪明的女人很多，但成功的女人并不多，这是因为很多女人由于一时的大意，轻易地让改变自己命运的机遇从自己的手中溜走。女人要想改变自己的命运，从今天起就要改变粗心大意的性格，要做生活中的细心人，多留心生活，也许一个小小的举动就可以把你的命运改变。

美国佛罗里达州有位穷画家，名叫律薄曼。他当时所拥有的画具很少，仅有的一支铅笔也是削得短短的。有一天，律薄曼正在绘图时，找不到橡皮擦，好不容易找到了铅笔又不见了。律薄曼很恼火，为了防止再丢，他索性将橡皮用丝线扎到铅笔的尾端，但这样做并不管用，用了一会，橡皮又不知道掉到哪里去了。不停地找橡皮严重干扰了律薄曼的绘画进度，他不得不好好想想怎么解决这个问题。终于，他想出一个主意来了：他剪下一小块薄铁片，把橡皮和铅笔绕着包了起来，这样一来，他在绘画时方便了很多。同时，他发现这是一个巨大的商机，后来，他申请了专利，并把这项专利卖给了一家铅笔公司，从中赚得 55 万美元的巨大利润，过上了富足的生活。

机遇只垂青于那些勤于思考的人，因此，女人一定要细心观察，这样才能抓住一闪即逝的机会，从而改变自己的命运。女人不要小看自己，不要小看生活中的细枝末节，细心的性格会赐予女人睿智的双眼，助她看透人生的迷雾，走向成功。

女人如果不满足自己的现状，那就请好好分析下自己的性格。如果你犹豫着不知如何去做，如果你懦弱地不敢去付出努力，如果你的粗心使你难觅机遇，那么你需要改变这些不好的性格。女人要自信地迎向命运的挑战，勇往直前地去解决各种困境，当发现无路可走时，要停下来仔细看下机遇留下的蛛丝马迹，用性格的力量改变自己的命运之路。

{Chapter 5}

拨开性格的迷雾,修补性格的缺陷

女人的一生似乎冥冥中有一只无形的手在推动着她们前进,这只无形的手不是别的,正是女人的性格。性格的好坏直接影响着女人的心情、人际关系、事业、家庭、生活等各个方面。每个女人都渴望得到良好性格的庇佑,但人无完人,性格中诸多的忧愁、郁闷、悲观等消极性格如人生幸福道路上的拦路虎,只有战胜它们,消灭它们,才能不断完善自己。性格好似一团迷雾,其中隐藏着太多的陷阱和不为人熟悉的角落,女人也要努力看清它、把握它,才能走好自己的人生之路。

自卑的性格让女人看轻自己

自卑性格是女人人生的绊脚石，是女人为自己设置的障碍，只有跨越这道门槛，女人才能集中精力和斗志去从事自己的事业，开始新的生活。

我们都知道，世上没有两片相同的叶子，同样也没有两个相同的女人。人与人天生就存有差距，也许你的容貌不如别人美丽，也许你的身材不如别人苗条，也许你的生活不如别人富裕。有些女人因为这些而感到自卑，甚至失去生活的追求，使自己的生活失去了缤纷的色彩，其实，这是自卑的性格使你看轻了自己。

自卑是一种可怕的消极性格，它带来的种种恶果都是心理因素所造成的。自卑，并不是指自己真的不如别人，而是女人在主观上认为自己不如别人。每个女人在不同时期，都会受自卑性格的影响，看轻自己的能力，认为自己不如别人。自卑性格的女人遇事总是认为“我不行”，没有尝试就放弃。其实，每个女人都有自己的特点，任何人都无法做到没有一丝缺陷，重要的是你自己要认识到自己的长处，正确看待自己。

有一个女孩，她觉得自己天性有些胆小，甚至有些自卑，这一点严重影响了她的生活。父母为此也很苦恼，于是决定带她去看心理医生。医生耐心地听完介绍，握住她的手，非常肯定地说：“你只不过非常谨慎罢了，这显然是个优点嘛，怎么能叫弱点呢？谨慎的人总是很可靠，总是很少出乱子。”

女孩有些疑惑："那么，勇敢反倒成为弱点了？"

医生摇摇头："不，谨慎是一种优点，勇敢是另一种优点。只是人们通常更重视勇敢这种优点罢了，就好像白银与黄金相比，人们更注重黄金一样。"

医生问："你讨厌酒鬼吗？"

女孩说："当然。"

医生问："那你讨厌李白吗？"

女孩说："怎么会呢？"

医生问："难道李白不是酒鬼吗？"

女孩纠正医生的话："不对，李白不是酒鬼，而是爱喝酒的诗人，他能斗酒诗百篇呢。"

医生笑道："对，我赞同你的观点，弱点在不同的人身上，会呈现不同的色彩：有的喝酒人，仅仅是个酒鬼；而李白则是喝酒人中的诗仙。"

医生又说："天底下没有绝对的弱点。所谓的弱点，在一定条件下也可能成为优点。如果你是位战士，胆小显然是弱点；如果你是司机，胆小就可以说是优点。"

很多时候，女人怎样看待自己，决定了别人怎样对待你。如果你在心里认为自己是一棵卑微的小草，那么你在心底就已变得非常渺小，做事更是唯唯诺诺，无法伸展手脚；如果你相信自己很重要，你在别人的眼里也会变得高大，才会受到别人的重视。

心理学家说，自卑性格产生的原因有很多，有的女人喜欢用过高的标准要求自己，结果永远达不到目标便看轻自己；有的女人很在意别人对自己的看法，对于别人的贬低往往会很自卑；有的女人对经济收入以及地位感到不满，对物质的攀比愈发感到自己比别人卑微。如果你办事犹犹豫豫，缩手缩脚，举步不前，缺乏勇气，别人自然以为你真的无能，而不愿与你交往。这样，你会更加感到孤独、压抑，也就更加封闭自己的情感。

自卑性格是女人人生的绊脚石，是女人为自己设置的障碍，只有跨越这道门槛，女人才能集中精力和斗志去从事自己的事业，开始一种新的生活。

事实上，一个人并非在每个方面都能出类拔萃，所以，女人在某些方面有不如意的感觉也是正常的。只要你专注努力，你是能干好这件事的，不要看轻自己，要相信自己一定能完成自己的目标。许多女人一事无成，就是因为她们低估了自己的能力，妄自菲薄，以至于缩小了自己的成就。

富有者并不一定伟大，贫穷者也并不一定卑微。上帝是公平的，他把机会撒到每个人的面前，卑微者同样拥有机会。女人要相信，在这个世界上，你是独一无二的，你没有必要去仰视别人，你就是一道风景。不要自惭形秽，怀疑自己的能力，把自己想成平庸之辈而陷于不能自拔的境地，不要束缚自身内在潜能的发挥，也不要错过一个又一个机遇。要知道，自卑只能自怜，自信才能赢得成功。不要受自卑性格的影响看轻了自己，要相信自己，相信自己的优势，相信自己的能力，这样，幸福、美好的生活一定属于你。

女人要努力战胜怯懦的性格

生活绝不会怜惜女人的娇弱，在挫折面前，勇者进，懦者退。幸福的人生属于失败中坚持崇高理想的强者。

在通向幸福的人生旅途中，必定会荆棘丛生、困难重重。女人，当你走在这条路上时，是否会因为遇到困难而胆怯后退？是否会因为遇到挫折而自暴自弃？成功始于自信，这个道理谁都知道，但却并非人人都能做到。

生活绝不会怜惜女人的娇弱，在挫折面前，勇者进，懦者退。幸福的人生属于失败中坚持崇高理想的强者。女人的自信不是天生的，当面对前进路上的荆棘时，请不要胆怯、畏缩，当我们面对人生路上的挫折时，也不要懦弱、逃避。女人要明白，失败是人生的熔炉，它可以把人烤伤，也可以把人变得坚强自信。其实，女人一生中最大的敌人就是自己。如果能战胜自己怯懦性格带来的消极影响，就能更快地登上幸福生活的顶端。

很多时候，女人怯懦的性格使得她们总是不敢相信自己，总是认为别人比自己要强很多，每件事情要得到别人的肯定才敢去做。女人羡慕着别人的才能、幸运和成就，认为自己一无是处。每个女人都想要得到别人的肯定，但是，经过多少次的努力与失败，她们才真正明白，很多时候，她们比自己想象的要有能力，要更坚强。只不过自己的心受怯懦性格的影响，不能认清真实的自己，其实从始至终妨碍她们的，只有她们自己。

在一家漂亮的露天游泳场里，露丝直勾勾地看着大伙儿在灿烂的阳光下尽情地嬉戏，心头忽然涌出一种不舒服的感觉来。

露丝害怕自己被呛着，所以总是不敢跳下水去。

也许是看到了她的内心正在挣扎，一些小伙伴就过来逗露丝：

“跳下来吧，不要因为害怕水，你就永远不去游泳了……”

“是呀，露丝，你看今天的水，不冷不热的，恰到好处呢……”

一个小伙伴调皮地捧起一捧水来，“哗”地泼在了露丝的身上：哦，滑滑的，凉凉的，果真是清爽极了。

犹豫了一会儿，露丝终于鼓足勇气试着下到了水中——虽然还只是在靠近岸边的地方扑腾,但露丝发现自己并没有想象中的那么无能。

一个小伙伴手把手地教着露丝:“试试看,把自己浸入水里,看会不会沉下去。”

露丝很听话地试了一回。小伙伴说的确实没错,在自己的意识处于完全清醒的状态下,要想整个身子都沉到水底下还真的有些难度呢。

“怎么样?既然沉不下去,那也就淹不死了,你还担心什么呢?”听着小伙伴这么一说,露丝突然为自己以前的想法感到好笑起来。

从这天开始,露丝再也不害怕水了,不但可以勇敢地从岸上直接跳下来,而且还能在水中憋着气游好远。

露丝并不是怕水,她怕的是自己想象中的恐怖水世界,当她勇敢地进到水中时,她发现水里是很舒服的,并不像自己想象的那么可怕,是怯懦的性格让她一度不敢踏入水中。如果她选择继续逃离困难,躲避风险,怯懦的性格就会把她的活力与坚强剥夺殆尽,她就不会发现水中嬉戏的乐趣。

没有与困难斗争的经历不是真正的人生。生活中,风险几乎无处不在,无时不有。女人不能果断作出决断,多数是因为她们害怕,她们不敢正视眼前的困难,怯懦的结果是让她们一败涂地,失去生活中很多精彩的体验。

许多女人害怕面对困难,受怯懦性格的影响,她们宁愿选择放弃努力直接退出,也不愿意去争取获取成功的希望。面对困难,她们把自己置于担忧、恐慌和迟疑的深渊中,直至身心崩溃。所以,女人必须摆脱怯懦性格的纠缠,无论当前问题是多么的严重。要克服这种影响,就要强迫自己去做自己害怕的事。女人固然应该把这问题的各方面都顾及,加以慎重地考虑,但千万不要陷于优柔寡断的泥潭中,勇往直前才能找到出路。

女人要知道，人生最强大的敌人就是自己，最大的挑战就是挑战自我。自信方能自强，只有自信，才能做到知难而进，临危不惧。只有真的相信自己，才能够得到别人的信任。因而，女人应该努力学会清除前进路上的荆棘，时时警惕自己身上的弱点，拥有了征服怯懦性格的勇气，就会征服一切困难。

争强好胜的女人未必有好的人生

女人不要在无谓的小事上争强好胜，否则只会让自己更加吃亏。有时适当地退一步，你会看见自己跟自己僵持是多么的愚蠢。

人人都有自尊心，人人也都有好胜心，有些女人天生性格要强，什么事都不落人后，喜欢争强好胜，总是不失时机自我表现，力求显示出高人一等的样子。生活中，她们无理争三分，得理不让人。虽然她们的气势凌人，但其实她们未必掌握真理。

通常，争强好胜的性格在年轻女人的身上表现得十分突出。年轻女人在事业上有很强烈的野心，她们希望用一次次的胜利表现自己的实力。但其实胜利的过程并不一定需要击败敌手，让对方颜面扫地。相反，一味争强好胜，反而会把自己推向绝境。

在一个小城的东头，住着全城最有名的律师——理查德；在城西头，住着全城最有名的法官——加里曼。

每当城里有什么案子，总是加里曼负责审判，理查德负责为人辩护。两个人向来都是针锋相对，你一句我一句，谁也不肯让步。时间一长，工作上的冲突逐渐演变成个人恩怨，最后，两个人竟成了互不相容的仇敌。城里的人都知道他们是一对冤家对头。

理查德和加里曼在乡下都有土地，并且那两块土地还是挨在一起的，因此也是纠纷不断。两人在城里又都有店铺，理查德开的是药店，打着救人性命的招牌；加里曼开的是棺材铺，专门做死人的生意。两个人就仿佛是前世的冤家在今世又重逢了。

有一天，一艘商船从小城路过。从船上传出这样一个消息，说有人在离这里九天路程的一个孤岛上发现了一种新的树木，如果用它来做成药材给病人服用，能够使人起死回生；如果用它来做棺材，死人的尸体能永不腐烂，而且会面色红润，栩栩如生。

理查德和加里曼都听说了这个消息，他俩都怕让对方占了先机，纷纷赶往码头，准备出海去买这种树。结果两个人几乎同一时刻赶到了码头。这时，仇人见面分外眼红，他们说什么也不肯坐在同一艘船上，于是两个人便坐在了码头上打起了心理战，都盼望先把对方耗走。

就这样，从日出等到日落，两个人谁也不肯离开码头，而且都吩咐仆人回家把吃的、穿的取来，甚至还让他们拿来了被褥，准备打持久战。

从日落又等到日出，两个人整整相持了一个晚上。眼看着码头上出海的船只越来越少，最后只剩下了一只小船还未出海。两个人对望了一眼，只好无奈地同时上了这艘小船。理查德坐在船头，加里曼坐在船尾，谁也不理谁。

小船起航了，向那个神秘的小岛驶去。当行驶到第三天的时候，海上起了大风暴，狂风裹着巨浪向小船袭来。这艘小船哪能经得住这样猛烈的袭击，眼看就要翻船了。

这时，加里曼问船尾的水手船的哪一头会先沉，水手说船头先沉。加里曼很得意地说："如果能看到我的仇人比我先死，那我出这趟海也就没什么遗憾了。"

而此刻，理查德也问船头的水手船的哪一头会先沉，水手回答说是船尾。理查德听后兴奋地说："如果我能看到我的仇人比我先死，死亡对我来说也就没什么值得畏惧的了。"

两个人正暗自高兴，一个巨浪打来，小船骤然翻了过去，理查德和加里曼双双落入了汪洋大海之中。

生活中的很多女人受争强好胜的性格影响，特别是与对手处于僵持的状态下时，心里一刻也不肯放松。这种紧绷的心理使得女人放不开思路，以致自己跟自己作对。就像故事中的两个人一样，谁也不让步，表面看似是在和对手僵持，其实是在心里和自己作对，最后反而把命搭上。

女人不要在无谓的小事上争强好胜，否则只会让自己更加吃亏。有时适当地退一步，你会看见自己跟自己僵持是多么的愚蠢。人的可贵和独特之处在于有自己的见解。无论是在生活当中，还是在工作当中，都要有自己的见解。但女人不必为了自己的见解而非要据理力争，争个输赢，争强好胜的结果往往是自己和自己作对，得不偿失。

争强好胜者未必掌握真理，相反，有些女人真理在握却不吭不响，得理也让人三分，颇有大将之风，往往这种女人更容易获得命运的垂青，她们的事业顺利，家庭美满。争强好胜的人要学习这种女人的宽阔胸襟，像她们一样宽容地待人接物，这样不用与人争抢，你也会得到你想拥有的一切。

杞人忧天是不是在自寻烦恼

女人杞人忧天的性格使得她们不知道也不敢作出任何选择，只能在那里犹豫不决，看着机会从自己的手中溜走。

在女人的内心深处，对美好事物的追求是一种本性。也正是它的不易获得，使得很多女人在获得或者即将获得它的时候，更加忧心忡忡。其实女人的很多恐惧感和担忧都是多余的，当事情未发生或未到来的时候，她的很多想法都是杞人忧天，倒不如让自己活在当下，这样才能活出每一刻的精彩。

从前有一头毛驴，它拥有两堆草料。它饿了，可是站在两堆草料中间，是去左边还是去右边呢？往左边走走……嗯，还是去吃右边的比较好；往右边走了几步……算了，还是去左边那堆好了。走走又回头，回头又走走，于是，这头毛驴就这样在两堆草料间活活地饿死了。

这个故事当然是有点夸张，可是不要说女人就不会做这样的傻事。因为人比毛驴聪明，思考能力强，考虑周密，这样女人更容易杞人忧天，失去机会。

人的一生是由一个个选择构成的，每一个选择都决定了你以后的人生道路。女人害怕做出错误的判断，影响自己的人生，因此就反复不断地考虑每件事的细节，希望可以作出一个完美的选择，但其实很多她考虑的细节都是没有必要的，杞人忧天的性格对解决事情没有一点帮助。还有些女人受这种性格影响，养成了做事拖沓的习惯，总是空想不做，担心这个担心那个，在选择之间徘徊多次，最后的结果只能是错过做事的最佳时机，只能选择放弃，落得一事无成的处境。

一个穷小子和一个富家小姐相识并相爱了，但是，他总觉得两人的身份不太匹配，所以不敢过于表现自己的热情。有一天，这个年轻人很想到他的恋人家去，找他的恋人出来，一块儿消磨一个下午。但是，他又犹豫不决，不知道他究竟应不应该去，恐怕去了之后，或者显得太冒昧，或者他的恋人太忙，拒绝他的邀请。于是，他左右为难了老半天。最后，他勉强下了决心，坐上一辆三轮车去了。

车子终于停在他恋人的门前了，他虽然后悔来，但既然来了，只得伸手去按门铃。现在他只好希望来开门的人告诉他说："小姐不在家。"他按了第一下门铃，等了3分钟，没有人答应，他勉强自己再按第二下，又等了2分钟，仍然没有人答应。他如释重负地想："全家都出去了。"

于是，他带着一半轻松和一半失望的心情回去了。心里想：这样也好，但事实上，他很难过，因为他失去了一个与恋人相聚的机会。

你能猜到他的恋人当时在哪里吗？他的恋人就在家里，她从早晨就盼望这位先生会突然来找她，带她出去消磨一个下午。她不知道他曾经来过，因为她家的门铃坏了。那位年轻人如果不是那么犹豫不决，如果他像别人有事来访一样，按门铃没有人应声，就用手拍门试试看的话，他们就会有一个快乐的下午了。但是，他并没有下定决心，所以他只好徒劳而返，让他的恋人也暗中失望。

很多女人面对多种选择或一些重要的选择时，不去想怎样具体实现，而是反复思考如果没有做好怎么办，她们被自己患得患失的想法吓到，还没有去做事就失去了努力的勇气，就像那个不敢敲门的小伙子。女人杞人忧天的性格使得她们不知道也不敢作出任何的选择，只能在那里犹豫不决，看着机会从自己的手中溜走。其实，很多时候，你越想思考周全，防止纰漏，结果越事与愿违。杞人忧天是完全没有必要的，要知道，生活中原本需要非常谨慎的事并不太多，就算是真正的大事，也很难真正找到万全之策，一再犹豫不会使事情自动向好的方向发展。不如果敢行事，即使是走错了，或许还能有更多的时间补救。

对于那些谨慎和追求完美的女人来说，杞人忧天的性格是她们最大的弱点。当她们面对一个事要作出抉择时，思前想后，担心一些没有用的小问题，这是她们前进路途上的绊脚石。要想克服杞人忧天性格的影响，你要在需要作出选择时，把你脑中的各种想法整理一下，对做事无益的一些小问题全部抛弃，不做考虑，其他可行的选择不应视为更好或更坏的选择，只是不同的出路。女人要坚信，只要自己勇敢地走下去，每一条路都是正确的，只是其中的坎坷和风景不同。

固执的性格让女人钻进牛角尖

太固执己见似乎让人感到有个性，但更多的时候给人的感觉是顽固不化。要想改变这种固执的性格，女人在待人接物上应该灵活一些，试着去理解别人。

海洋中最危险的动物并不是鲨鱼，而是比鲨鱼体积小很多的章鱼。一只章鱼的体重可以达到70磅（1磅=0.4536千克），由于没有脊椎，使得它们的身体非常柔软，柔软到几乎可以将自己塞进任何地方。在深海中，章鱼最喜欢做的事情，就是将自己的身体塞进海螺壳里躲起来，等到鱼虾走近，就咬断它们的头部，注入毒液，使其麻痹而死，然后美餐一顿。对于海洋中的其他生物来说，章鱼可以被称得上是最可怕的动物之一。

然而也正是它的这一特点，使它成了渔民的猎物。渔民们掌握了章鱼的天性，他们将小瓶子用绳子串在一起沉入海底。章鱼一看见小瓶子，都争先恐后地往里钻，不论瓶子有多么小、多么窄。结果可想而知，这些在海洋里无往不胜的章鱼成了瓶子里的囚徒，变成人类餐桌上的美餐。

是什么让海洋中最可怕的章鱼成了人类的美食，是那个囚禁了章鱼的瓶子吗？不是，真正囚禁了章鱼的是它们自己，是它们的固执使得它们一味地往瓶子里钻，最终成为渔民的胜利品。

有时候，女人顽固的性格也如同这些自以为是的章鱼，她们一旦认定了某个目标，就会一直专注于此，对于其他的事物视而不见。钻牛角尖是固执的一种表现，这是由于女人把一件事情考虑得过于深入以至于与此事原意有很大出入，一旦进去就使劲往里钻，无法自拔。所以，固执的女人若保持这种性格会严重影响自己的人际关系，让别人对你慢慢疏远。

在如今这个男女平等的社会里，女人应该有一定的主见，但是切不可做一个顽固的女人。顽固的女人不知变通，容易钻牛角尖，她们习惯了任何事情非要打破砂锅问到底。在她们眼中，事情只有两种可能，要不就是肯定，要不就是否定，没有第三种。然而现实生活中的情况往往错综复杂，并没有她们想象中的那么简单。固执性格的女人习惯于用某种思路去解决困难，她们认为除了这种思路就没有别的解决办法。但事实并非如此，她们没有找到另一种思路，是因为她们尚未发现它，而并非它不存在，一味固执己见，往往会影响女人的幸福生活。

有一对让人很羡慕的夫妻，丈夫是一家大公司的总经理，而妻子也是个规模不小的公司的会计师，这样高收入的生活应该是很美满幸福的。但是他们的婚姻却有着许多的不和谐因素。妻子虽然独立，但性格十分固执。比如说两个人商量好要出外旅游，但是在乘坐交通工具方面发生了分歧：丈夫认为应该坐火车或者乘飞机去，这样既节约时间又可以趁机放松一下紧绷的神经。而妻子认为应该自己开车去，双方争执不休后丈夫妥协。而后来的事实证明丈夫的想法是正确的，两个人对于路线不熟，开车在半途迷了路，而由于昼夜开车，两个人都很累，到了目的地也没有了游览的兴致。回家后，妻子不但不觉得是自己的过错，还一直抱怨不停。丈夫不得不一再忍耐。这样的事情发生多了，丈夫也失去了耐性，双方不得不离婚。

固执性格的女人总是自我感觉良好，她们一般不懂得体谅别人，有点自私。这样的女人在婚姻生活中如果不知变通，总是固执己见，就会像那个妻子一样，亲手断送了自己的幸福生活。

固执性格的女人总是被自己所认定的信念蒙上双眼，在她们眼中只有自己的思想。这种女人遇事很轻易地得出一个结论，就认定是最终真理，别人如果有不同看法，就肯定是别人出问题了，从不反省自己。她们自以为是地朝着所谓的目标固执前进，结果却钻进了痛苦的牛角尖，深陷其中，不能自拔。

太固执己见似乎让人感到有个性，但更多的时候给人的感觉是顽固不化。要想改变这种固执性格，女人在待人接物上应该灵活一些，试着去理解别人，试着从别人的角度来考虑问题。女人要抱着一个信条：在不了解一个人或一样东西之前，别妄下结论同时多听取别人的意见。

过度追求完美只会得不偿失

任何事物的发展、任何人的成长过程中都有缺失，“十全十美”不可能，所以当女人面对人生的不如意时，请换一种角度看待它，你会发现这些所谓的烦恼也不过如此。

有一个樵夫在山上砍柴时捡到了一块很大很漂亮的玉，他非常喜欢。但是，让樵夫觉得可惜的是，这块玉上面有一些小瑕疵。樵夫想，如果能把这些小瑕疵去掉的话，这块玉就完美无瑕了，到时候就非常值钱了。于是，他把玉敲掉了一个小角，但是瑕疵仍在；再去掉一角，瑕疵依然有……最后，瑕疵是被去掉了，但玉也被敲得支离破碎了。

在现实生活中就有很多女人的性格像这个“樵夫”一样，她们过分追求完美，而其代价就是连稍有瑕疵的“美玉”也不能拥有。女人往往在追求完美的性格影响下而扔掉了一些她们原本可以拥有的东西。其实我们都知道，任何事都很难求得完美，人类的欲望是个黑洞，某一时刻你觉得现在是完美的，那是因为它达到了你的心理标准。等你接触更多的事物后，你或许会觉得这根本就谈不上完美，那是因为完美的心理标准提高了。

白领女孩许苗急于想让身材变苗条，于是她就加入一家俱乐部参加有氧减肥运动课。此前由于工作的原因，她的生活方式多半是坐着，完全没有做有氧运动的经验。但许苗要求自己尽快达到瘦身的标准，就直接上了高级班，结果可想而知，她累坏了，因过度运动导致肌肉拉伤，必须在家休息 2

个月，完美的身材没有达到，反而损害了健康。

现在的社会对女人来说压力都很大，如果女人不能自知，不自量力地去过分追求完美，承担非力所能及的事情，最后不仅会影响效果，而且可能会由于过度疲劳和心理压力而患疾病。

当然，每个女人应该努力做到最好，但人是永远无法做到完美的。有些追求完美的女人不能忍受自己仅仅是跟别人一样好，她们的性格使得她们逼迫自己一定要超越别人，得到别人的注意。她们的注意力都放在怎样超过别人，而不是如何付出，她们把自己置于完美的高度上，一旦遇到失败，便无法容忍自己，只会不断地痛恨自己的失败。

其实，完美只是相对的，人无完人，不完美并不可怕，可怕的是那些失落感、无助感，甚至一时丧失信心的坏影响。

有时女人越要求"完美"失误越多，常常因此而失去机遇，导致失败。世上只有相对的真理，没有绝对的真理。凡事只要利大于弊，成功大于失误，就应给予充分肯定。"完美无瑕"是我们不可能做到的，在这个世界上也是不存在的。任何事物的发展、任何人的成长过程中都有缺失，"十全十美"不可能，所以，当女人面对人生的不如意时，请换一种角度看待它，你会发现这些所谓的烦恼也不过如此。

女人要对自己作出恰如其分的、客观的估价，既不狂妄又不妄自菲薄。对自己拥有的特长与优势，可以适当地表现发挥；对自己存在的不足与缺陷，要勇于承认，并努力弥补。要克服完美性格带来的消极影响，一定要防止过高或过低地错估自己，对待自己不要太苛刻，从小事做起，一步步地向目标前进，只有这样才能走得平稳，才能让自己的优势得到充分发挥。

为何有些女人优柔寡断

机遇是不允许女人有更多的时间来左顾右盼的。女人要养成果断作出决定的习惯，平时不要受别人的影响，要坚信自己的想法，一旦决定去做就不要后悔。

生活中处处充满机遇，人际中的每一次交往、社会上的每一项活动、工作中每一次得失对女人来说都可能是一次机遇、一次选择、一次冲破人生难关的契机。但有的女人在决定做某件事时并不自信，面对选择犹豫不决，因此，面对不太满意的结果她们便会感到后悔自己选择错误。这种后悔的感觉在一段时间内是很难平复的，不断影响她的心情，甚至干扰到她之后的生活。其实，这种结果是由于女人自身犹豫不决的性格导致的。

一个女人如果被犹豫不决的性格影响，那么她可以说是世界上最可怜的人，也是最容易失败的人。威廉·惠德说："如果一个人面对着两件事情犹豫不决、不知该先去做哪一件事好，那么他最终将一事无成。"面对选择，女人应该先聪明地斟酌，再果断地决定，决定去做就不要后悔，然后坚定不移地去执行，这样才能在事业上取得卓越的成绩。

当然，作出选择要以敏锐的洞察力为基础。如果没有看清问题，没有经过思考就盲目地作出决定，不但无助于成功，相反，还可能会使女人在人生的旅途上越走越远。

女人如果发现好机遇，就必须抓住稍纵即逝的机会，马上决定怎么去做，才不至于浪费时机。女人在思考时要迅速果断地考虑关键的细节，不要把太多的时间放在思考一些无关大雅的小细节上，然后，女人要把你的决定作为最后不变的决定，无论发生什么事情都不改变它。这种迅速决断的习惯养成以后，女人便能产生一种相信自己的力量。如果犹豫、观望而不敢决策，机会就会悄然流逝，让女人后悔莫及。

华裔电脑名人王安博士说，影响他一生的事发生在他6岁之时。一天，他外出玩耍，经过一棵大树时，突然有一个鸟巢掉在他的头上，里面滚出了一只嗷嗷待哺的小麻雀。他决定把它带回去喂养，便连同鸟巢一起带回了家。走到家门口，忽然想起妈妈不允许他在家里养小动物。他犹豫着，担心直接把小麻雀带回家会被妈妈骂，他决定先去请求妈妈的同意。他轻轻地把小麻雀放在门后，就急忙走进屋去请求妈妈，在他的哀求下，妈妈破例答应了儿子。王安兴奋地跑到门后，不料小麻雀已经不见了，一只黑猫在意犹未尽地擦拭着嘴巴。王安为此伤心了很久。从此，他吸取了一个很大的教训：只要是自己认定的事情，绝不可优柔寡断。犹豫不决固然可以免去一些做错事的机会，但也让他错失了成功的机遇。

女人在生活中不论要干什么，都要把握住适当的分寸和尺度，一旦决定去做就马上行动，不要犹豫不决，事后后悔。若因犹豫而错过了最好的时机，女人可能会一无所得。在两难的抉择中，敢于决断是一个女人成功的关键。假如女人面对选择时犹豫不决，无法果断地作出决定，那么将会为自己带来一连串的失败与打击。即使女人选择正确，也会因犹豫的性格而没有付出全部努力去做，最后的结果还是令自己不满意。

然而，在实际生活中，并不是每个女人都有果断地作出决断的勇气。有些女人性格优柔寡断，拿不定主意，迟迟不肯付诸行动，结果错失良机，甚至给自己造成很大的损失。女人要克服优柔寡断的性格，努力地尝试作出果断的决定，强迫自己来实行。不管面对的事情多么复杂，难以下决定，都不要有任何犹豫。

女人在做事之前，首先应该保持冷静的头脑，对自己所要做的事情有一个正确的判断。盲目行事，是导致许多人失败的一个重要原因。当女人决定做某一件事情之前，应该对各方面的情况有所了解，女人要运用全部的常识和理智慎重思考，一旦想清楚，就要马上作出决定，一经决定，就不要反悔，要全力去做。

“机不可失，时不再来”，这是一个浅显而又深刻的道理。在许多情况下，机遇是不允许女人有更多的时间来左顾右盼的。女人要养成果断作出决定的习惯，平时不要受别人的影响，要坚信自己的想法，用自己的头脑作决定，一旦决定去做就不要后悔。“双鸟在林，不如一鸟在手”，女人若想成为非同凡响的角色，就必须学会在两难的选择中，敢于决断，敢于行动，永远向前看，不后悔自己作出的决定。

改变自己，摆脱悲观的性格

千万不要被悲观的性格所摆布，很多不该再坚持的观念，何苦抓住不放呢？接受新思想，摒弃不适当的旧观念，会使你成功地改造自己，大放异彩。

刘小姐初入社会，总觉得自己与社会格格不入，她十分悲观，感叹自己生不逢时，整天过着苦闷的生活。这天，她决定去她尊敬的一位老师家寻求帮助。

刘小姐对老师抱怨说:“为什么我老觉得自己与社会格格不入呢?”老师想了一下,让刘小姐跟着他到厨房。老师拿出一根胡萝卜和一个鸡蛋,接着往锅内倒入一些冷水,然后再放入胡萝卜和鸡蛋,然后打开燃气开关烧水。过了约10分钟,老师把胡萝卜和鸡蛋捞出来,分别放入两个碗内,转身问刘小姐:“你摸摸它们,看有没有什么不同之处?”

“胡萝卜煮熟了,鸡蛋也煮熟了。”刘小姐摸后不解地说,“这有什么特殊的意义吗?”

老师笑了笑,说:“胡萝卜和鸡蛋放到锅内后,它们都会面临同样的环境——开水,但它们的反应就各不相同。胡萝卜入锅前是强壮的、结实的,但经过开水煮后,它就变软了。而鸡蛋入锅前是易碎的,薄薄的外壳保护着它液态的内脏,但经过开水煮后,它的内脏就变硬了。”

这时候,刘小姐好像明白了什么,抢着说:“面对同一环境,都是它们不可改变的,但是鸡蛋却能够改变自己,融入并适应这个环境,从而变得更加强大。老师,是这样的吗?”“对,你说得没错!”老师高兴地说,“你虽然改变不了环境,但是可以改变自己。”

很多女人都有与刘小姐相似的经历,在日常生活和工作中,很多的事情并不是她们希望发生的,但无论她们多么不情愿、多么不高兴,甚至是多么愤怒与不满,该发生的事情还是照样发生,悲观的性格并不能帮她们改变现实。

人生在世,很多事情都是我们无法改变的,既然我们不能改变残酷的现实,那唯一可行的选择就是改变自己。面对现实,悲观的性格并不能帮助女人,女人要学着改变自己的思维方式,改变自己看问题的角度,从而改变自己的行为来适应目前所处的环境。要知道,世界上并不只有你一个人,地球也不只是为你而转，不可能所有的事情都按照你的意愿发展，面对一个你不喜欢却又无力改变的环境，悲观是徒劳的，你只能学会适应。

适应新环境是一件很痛苦的事，那么多的新事物、新面孔，要让女人一下全部接受是有些勉强。但环境永远不会来适应你，你只能用最大的努力来融入新环境。当你悲观地看待周遭的环境时，你看不到希望，失败则会常伴你左右。如果女人能努力去适应新环境，那么你将能获得人生的成功与圆满。

很多职场女性在熟悉工作环境后，新鲜感慢慢退却，开始抱怨公司中一些不完善的地方。她们更多地关注公司的缺点和不足，对公司的优点却视而不见。若公司不能提供给她满意的条件，她就会悲观地感慨自己命不好，开始消极地对待工作。其实，每个公司的经营模式都大体相同，都会有其自身的具体问题，这家公司让你不满，再换另一家也是一样。面对这种情况，如果问题不是很严重，女人最应该做的不是消极悲观，而是要学会适应环境，提高自己的调适能力。

如果有个女人试图让整个世界都来适应自己的脚步来发展，那很快她就会知道这是一种多么不明智的愚蠢行为。但凡一个有思想、想在生活中有所作为的女人都不会这么做。她们知道，整天被悲观的性格压制是看不到希望的，想要改变世界很难，而改变自己就相对简单得多。如果你不希望看到自己整日悲观厌世，那么，第一个必须改变的就是你自己。

不要以为所有的适应都是被动和认命，不要以为所有的适应都是放弃和妥协，我们所有的改变都是为了以后能有更好的发展。所以，女人在工作和生活不如意的时候，不要悲观地抱怨。世上没有神，它也从来不会因为某个人的抱怨而大发慈悲为她改变环境。与其怨天尤人，不如先脚踏实地地改变自己。

改变自己就要学会接受新事物，每个女人都有无限的潜能等待开发，只可惜，女人往往被悲观的性格限制自己，女人们要记住，千万不要被悲观的性格所摆布，很多不该再坚持的观念，何苦抓住不放呢？接受新思想，摒弃不适当的旧观念，会使你成功地改造自己，大放异彩。改变就是机会，只要你及时抓住它，就会有一个新的开始，幸福快乐的生活就在不远的将来向你招手。

女人不要不知足，而要懂得满足

女人要想幸福，一定要培养自己知足常乐的性格，学会珍惜，才能长久拥有，才能让自己更加幸福。

有一对夫妇在逛百货公司，刚好遇上名牌女装特价促销，一群女士们挤在一个摊位上选衣服。太太拿着衣服在身上左比右比，还是下不了决心。“喂！你看这件好不好？”太太希望能从先生那里得到答案。这时，她一抬头，看到对面有位小姐，手里拿的那件上衣的颜色要比自己手上的好看，款式也新颖一点。“放下，快点放下……”太太眯起眼睛盯着那件衣服，心里开始默念。说也奇怪，她的默念果真奏效，念着念着，那位小姐竟然就真的放下了。她马上一伸手，抓过那件衣服，身手矫捷，动作利索。“今天运气可真好！”太太付了钱笑嘻嘻地对丈夫说，“这件衣服差点儿就被那位小姐给抢去了。”先生扬了扬眉毛笑道：“是啊！我想那位小姐心里想的和你一样，她现在正开心地抓着你原先拿的那一件衣服呢！”

在现实生活中，很多女人总是不满足于自己的现状，她们就像这个太太一样，不满足自己已经拥有的，常常都在盯着别人手里的衣服。女人总是认为别人拥有的比自己的好，其实她不知道，她自己也同样被别人注视着，她所拥有的东西已经被别人眼红好久，如果女人能够知足，那么她就不会去放弃自己手里已经拥有的“衣服”，再去寻求别人手中看似更好的“衣服”。

女人最大的悲哀在于：她们永远去羡慕别人，看着别人，对自己已拥有的东西却不在意，也不知道珍惜。大多数的女人都不知道自己有多么富有，因为她们的眼睛总是盯着别处。

有这么一句广为流传的话：“一个女孩因为她没有鞋子而哭泣，直到她看见一个没有脚的人。”世间很多事情，常常是女人拥有的却没有珍惜的，而在失去之时才悔恨莫及。当然，不满足并不一定是坏事——如果它能够成为女人进取的动力的话。但千万不要去盲目地羡慕别人而落入了忧郁的陷阱。

从前，有一个国王，他权倾天下，拥有一切世人想要得到的东西，然而他却很郁闷，“看那些天上的神仙整天衣食无忧，可以四处云游，真叫人忌妒！”“日理万机的生活真是好辛苦啊！”苦闷之余，国王到御花园里散心。

让他感到奇怪的是，花园里的花和树都枯萎了。

“你昨天不是还好好的吗？今天怎么就枯萎了？”国王对橡树说。“我没有松树那么高，于是我一直不停地往上提升自己，结果我的根脱离了土壤……”橡树有气无力地说。“可是，松树，你又为什么死了呢？”国王好奇地问松树。“我不能结和葡萄秧一样的果子，终日难过，不久就气死了！”国王听了感到很诧异。他更加诧异地问葡萄秧：“连松树都羡慕你，你怎么也气息奄奄了呢？”“您看，我一直不停地拼命生长，可还是不能开出郁金香那样美丽的鲜花……恐怕我就要抑郁而死了……”

这时,国王发现他的脚旁边生长着一棵茂盛的小草。国王好奇:“别的植物都枯萎了,只有你还在茁壮地生长,这是为什么?”“因为我是心安草,而且我只需要安心地做一棵安心草就好了!”

这个故事告诉女人,总是想要别人拥有的事物只会让自己旺盛的精力日渐枯萎。而安心于享受自己的生活乐趣,知足常乐,即使自己是默默无闻的,也可以生活得很好。

如果女人仅仅想获得幸福,那很容易就会实现,但是,如果女人希望比别人更幸福,那将永远都难以实现。现实生活中让女人不幸福的根源,就是因为女人不懂得珍惜已经拥有的,总是去索取不属于自己的事物。女人要想幸福,一定要培养自己知足常乐的性格,学会珍惜,才能长久拥有,才能让自己更加幸福。

下篇：快速锤炼幸福人生的优秀性格

{Chapter 6}

给性格一个好向导，让自己魅力四射

女人是爱美的，每个女人都希望自己的美丽能够散发无尽的魅力。有些女人很爱打扮自己，她们认为美丽的外表是让自己拥有无尽魅力的关键。确实，漂亮的脸庞可以使女人美丽20年，但良好性格散发出的魅力却可以使女人美丽一生。性格是让女人散发无尽魅力的良药，女人要给自己的性格一个好向导，让人生的每一步都在好性格的影响下更加顺利，让自己的思想、修养、行动也能随着性格的完善更加成熟并富有魅力。

女人因善良的性格越发美丽

拥有善良性格的女人，不用依靠美丽的外表、奢华的首饰，照样能够散发出迷人的魅力。这种魅力远胜过任何服饰、珠宝的修饰，它能够折射出令人温暖的光芒，使女人显得格外美丽。

美丽的女人总是惹人怜爱，但真正令人神魂颠倒的，却是那些具有性格魅力的女人。女人的魅力在于她们性格中展现出来的光芒，一个空有美丽面孔的女人是浅薄的，通常她们没有深厚的底蕴，也就失去了吸引旁人目光的光彩。性格善良的女人总是散发出一种让人喜欢与她亲近的气息，这种魅力在不知不觉中正收服着她身边的男男女女。

善良的女人言语温柔但原则性很强，她们的锋芒内敛并不招摇，为人处世宽厚仁和。她们可以多吃亏，却不会没有气度或因为一点小利益而生气抱怨。莎士比亚曾经说过："外在的相貌其实是内心世界的一面镜子，善良使人美丽。"女人因善良而变得更有魅力，这种魅力不会因为女人的外表和年龄受到影响。

拥有善良性格的女人，退去雕饰照样能够散发出迷人的魅力。这种魅力远胜过任何服饰、珠宝的修饰，它能够折射出令人感觉温暖的光芒，使女人显得格外美丽。

有人喜欢漂亮的女人，因为漂亮的面孔可以使人赏心悦目；有人喜欢聪慧的女人,因为与聪慧的女人交流能使人身心愉悦。而善良是一个女人最宝贵的品德,即使一个女人再漂亮、再聪慧,如果没有一颗善良的心,那她也无法博得人们的喜爱,善良这种内在美,是女人最永恒的美丽资本。

一年春天,女人在院子里种了一棵菊花。三年后的秋天,女人小小的院子变成了一个菊花园,金黄的花朵簇拥着次第开放,整个庭院都散发着浓浓的芳香,女人陶醉在花园的美景中。她整日敞着院门,守在门口,看见过往的乡邻就热情地招呼他们进来坐坐,于是,小小的山村仿佛也在秋天美丽起来,善良的女人露出了美丽的笑容。

有乡邻开口也想要几棵花种在自家院子里,善良的女人没有迟疑就答应了。她亲手挑拣开得最艳、枝叶最粗的几棵,挖出根须送到了别人家里。消息很快传开,前来要花的人接连不断。不多日,院里的菊花就被送得一干二净。没有了菊花,院子就像没有了阳光一样落寞。秋天的最后一个黄昏,女人的朋友陪她在院子里散步,朋友很想念女人满是菊花香的花园,女人微笑着说,“这样才好,三年后一村子菊花香。”

朋友心头一热,一村子菊花香,那该是多么美丽的景色啊,再看向女人,朋友越发觉得她的笑容美丽祥和。

女人的魅力,在于她并没有独自享受满园的花香,她把美好和幸福的感觉通过花朵分送给每一个人,这是多么善良的行为啊。她知道快乐和幸福不能靠物质和虚荣带来,而要靠自己善良的性格。

女人可以没有钱,可以没有才华,但只要她有一颗善良的心,她就能够收获爱与尊重。善良的性格可以为女人创造一个宽松和谐的人际环境,使她有一个发展个性和创造力的自由天地,并享受到一种施惠于人的快乐。

有一天晚上,刘蓝下夜班,一个人走在黑暗的胡同中,突然有个男人挡住她，凶巴巴地对她喊“站住别动！”刘蓝十分害怕，却又一筹莫展。她一个弱女子是不可能打过这个高大的男人的。可怕的沉默之后，男人说话了，带了丝颤音：“我只想要钱。”他似乎也不轻松，刘蓝没吭声。男人继续说：“我真不想伤害你，但是没办法。辛苦打工一年，老板带钱跑了，我得拿钱回家。你们城里人好歹比我挣钱容易。”

对峙片刻，刘蓝忽然叹气，从包里拿出钱包。男人看到钱，自然伸出他空着的手。“慢！”刘蓝把钱往怀里一缩，“这钱不能让你抢走。”男人的手愣在半空，不明白刘蓝要干什么。

“今天你抢了我的钱，不管多少数额都是犯罪。我知道你有难言之隐，但法律不管那么多，不光法律判你有罪，你内心也不会原谅自己。”

刘蓝顿了顿，说：“不如这样吧，我代你写张借条，你签字，不管多久还钱，5 年也好 10 年也好，甚至你没钱还也好，只要记住，今天你没抢，只是借我的钱。我希望从今以后你不要再抢了。”

刘蓝从包里摸出纸笔，在黑暗里凭感觉写了那张字据，和钱一起放到了那人手里，这样匪夷所思的事情，歹徒大概也没碰到过，他愣了片刻，什么也没说拿上钱和借据就走了。

让刘蓝意外的是，两年后的一天，她收到一张汇款单。上面的数额是 1000 块钱，汇款人的名字却是陌生的，附言栏上写着：“谢谢你没让我走错路。”

善良女人的魅力在于她并不是为了回报而去付出，她们总是在心底长存善心。孟子说：“取诸人以为善，如水与人为善，故君子莫大乎与人为善良。”常留善念，女人的心态才会更为平和，善良的性格是一个女人获得美满人生的宝贵资本。

性格正直的女人让人折服

正直的性格可以为平凡的女人插上不平凡的翅膀，时刻保持正直的心，可以让女人散发出无穷的人格魅力，这种魅力会使女人周围的同事、朋友纷纷折服于她。

古往今来，正直性格的女人散发的个人魅力总是备受人们推崇。一个正直的女人，她在处理事情时总是秉公处理，绝不会为了自己的一点私利而徇私舞弊，这种正直的性格彰显了女人高贵的品德，使得无数人折服在她们坦荡的胸怀和豁达的作风中。

刘梅是北京一位普普通通的交通警察，她在交通这一领域工作了8年，一直表现优异。刘梅对待工作一直勤勤恳恳，绝不疏忽懈怠每一次出警和巡查，最重要的一点，她知道做人做事要正直，要对得起自己头上的警徽。

有一次，刘梅驾驶着摩托车到郊外办事，在发现自己在限速40公里每小时的区域以时速55公里驾驶后，她当即给自己开了一张违例驾驶的罚单，并扣了自己2分。还有一次，刘梅的弟弟违规停车，她毫不留情地给自己的弟弟开了一张罚单，并把车拖走。不过，当罚款定了以后她立刻替弟弟交付了罚款，随后办理手续取出车辆。她说：“他是我的弟弟、我的亲人，但他做错事我也一样要按规定来处罚，不能因为我是交警而网开一面。”

女人不管遇到什么情况都要保持一颗正直的心，像刘梅一样公私分明。也许有的女人没有什么过人之处，但在社会中，正直的性格是异常可贵的。正直的性格可以为平凡的女人插上不平凡的翅膀，时刻保持正直的心境，可以让女人散发出无穷的人格魅力，这种魅力会使女人周围的同事、朋友纷纷折服于她。

一个正直的女人是一个有勇气坚持正义、坚持自己信念的人，良知是她的心灵源泉。正直意味着面对充满诱惑的利益时，女人仍然可以坚贞不屈，不去贪求不属于自己的财富。如果一个女人凭着自己正直的性格让人从内心认可她、信任她，那么她就拥有了一种别人无法比拟的魅力，这种魅力会让人更加信赖、尊敬、钦佩、敬仰正直的她。

河南省登封市前公安局局长任常霞是一位极其优秀的警察，她的正直使得当地人民非常敬爱她。她以自己的毕生心血忠实地履行了“立警为公、执法为民”的神圣职责。作为一位公安局长，任长霞无疑面临着钱、权、法的考验。自入警以来，她从事的都是有一定权力的工作，总是有人通过直接、间接的关系来靠近她，给她送去金钱、物品，但性格正直的她不为金钱所惑，面对这些利益，她全部婉言拒绝。

2001 年 4 月 23 日，她从一封平常的群众来信中了解到，松颖避暑山庄老板王松纠集家族成员、两个劳释放人员在白沙湖一带，横行乡里，敲诈勒索，致使上百人受到伤害，7 人丧命，民怨极大。她决心挖掉这颗毒瘤。4 月 29 日，王松手下的爪牙因参与作案被抓获，王松企图以钱开路，打通关节，救出这几个“弟兄”。5 月 1 日晚，王松来到任长霞办公室，随手甩出一沓钱放在桌子上说：“手下人捅了篓子，请任局长高抬贵手，网开一面。”任长霞严词拒绝，并将计就计，指令民警将王松一举擒获。

在人生旅途中到处充满诱惑，在诱惑面前仍能坚持自己的信念，仍能遵从自己良知的人才是真正具备正直的人。正直意味着女人要具有道德感并且遵从自己的良知，违背良知，正直就无从谈起。正直的性格可能会让女人失去很多眼前既得的利益，但是这种失去是暂时的，并不会影响自己的未来。真正拥有正直性格的女人知道，自己得到的远远比失去的多，而且自己得到的尊敬、信任是金钱买不到的，这才是女人真正的人生财富。

有一位护士从学校毕业后去了一家医院实习，实习期是一个月。一个月后，她如果能让医院满意就可以得到这份工作，否则就只能离开。一天，医院接收了一位因车祸而生命垂危的病人，她被安排做主刀医生的助手。手术从清晨进行到黄昏，眼看患者的伤口即将缝合，这位实习护士突然对主刀医生说："医生，我们用了 12 块纱布，可你只取出了 11 块。"

"不可能，我已经取出了全部的纱布了，立即缝合吧！"主刀医生镇定地说。

"不，绝对不行。"她严肃地说，"我记得很清楚，我们是用了 12 块纱布。"

"缝合！"主刀医生没有理睬她。

"你是医生，正直是医生的第一法则，你应该为病人负责，不可以这样做。"她几乎叫了起来。这时，主刀医生严肃的脸上露出了欣慰的笑容。他举起手中握着的第 12 块纱布，说："你是我最合适的助手，你的正直值得每一个人学习。"

这位实习护士理所当然地获得了这份称心的工作，并在此后的工作中，凭借自己的正直得到了大家的认可和赞誉。

女人要知道，在自己的一生中会面对各种各样的考验，拥有一颗正直的心才能使你在各种考验面前泰然自若，并顺利通过。正直的女人时刻都会坚守自己的良知，因此在各种考验下都不会令人失望。正直本身具有令人折服的魅力，做一个正直的女人吧，用你的魅力来使人折服。

诚实的女人让人信服

诚实、实事求是地回答自己认为正确的问题，代表的是一种做事的态度，这并不是愚蠢。诚实是女人崇高品质的一部分，女人因诚实而诚恳，从而散发让人信服的魅力。

一个公司招聘员工，面试时，总经理出了这样一道算术题：十减一等于几？

有的应试者说："你想让它等于几，它就等于几。"还有的说："十减一等于九，就是消费；十减一等于十二，那是经营；十减一等于十五，那是贸易。"

只有一个女孩回答："等于九。"结果这个女孩被录用了。

如果参加面试的是你，面对这个问题你会怎么回答？是不是感觉轻易说出这个答案会显得自己很愚蠢？其实，在现实生活中，有些女人把"诚实"视为"愚蠢"并不稀奇。就像面试中的那个简单问题，还不是被人们千奇百怪的答案搞得十分离奇。

女人往往会给自己套上繁重的枷锁，使原本应该轻松的生活变得沉重。其实，诚实、实事求是地回答自己认为正确的问题，代表的是一种做事的态度，这并不是愚蠢。诚实是女人良好的性格，女人因诚实而散发让人信服的魅力。

一个老实巴交的农民每天早出晚归，但是还是一贫如洗。幸运之神怜悯他，决定帮他一把。一天清早，农民拿上斧子到河对岸去砍柴，可是，他的斧头突然就掉到河里去了。农民不禁黯然泪下。这时，桥墩下的幸运之神冲他喊：“别伤心，我帮你把斧子捞上来！”

一会儿，幸运之神浮上来，举着一把金斧头，农民伤心地说：“这不是我的。”一会儿，幸运之神又举出一把银斧头，农民看了看，说：“虽然这两把斧头很值钱，但都不是我的铁斧子。”幸运之神只好拿出铁斧子，农民说：“这把才是我的！真是太谢谢你了！”幸运之神高兴地把三把斧子都送给了那位农民。

农民的邻居知道这件事后，也想去碰碰运气。第二天，他到集市上花了一大笔钱特意定做了一把大斧子。他信步走到桥上，把斧头扔到河里，然后就蹲在桥上拼命号哭。过路人都以为他是个疯子，从早到晚，没有一个人帮他捞斧子。无奈之中，他只好自己下河去捞，斧子没有找到，差点被淹死。回到家中就病倒在床上，休养了整整一个月。田里的庄稼也因此耽误了，这一年他颗粒无收。

诚实的性格是一个人立身处世的基石，只有这样才能站得直、走得稳、行得正。如果那位农民没有诚实的性格，他能得到幸运之神的垂青吗？而那位贪婪的邻居想通过欺骗的手段获得更多的财富，结果把自己也赔了进去。小孩子不诚实，长大就会走歪路；老年人不诚实，大半生的清名就会毁于一旦；年轻人不诚实，人生的漫漫长路就举步维艰。总之，女人若没有诚实的性格，就会不被信任，无法顺利地工作学习，无法在社会上立足。

很多女人因为贪图小利和一时的安逸享受，最后却把自己最宝贵的人格和名誉都搭了进去，而且有可能失去更多。虽然诚实常常被人当作“愚蠢”来嘲笑，但是只有这种诚实的人才能在自己的人生之路上走得长远，而欺骗的最终结果只能是自己害自己。

一位贤明的国王，决定从王国的众多孩子中挑选一个培养成自己的大臣。国王的方法很独特，他给每个孩子发一些花种，并宣布谁能培育出最美丽的花朵，那么谁就能够成为丞相。

孩子们得到种子后，开始精心地培育，浇水、施肥、松土，谁都希望自己能成为一位幸运者。有一个出身贫穷的小男孩也分到了一些花种，虽然尽心尽力地培育，但是花盆里的种子始终没有发芽。

比赛的日子到了。富人家的孩子穿着漂亮衣服走上街头，他们捧着盛开的鲜花，盼望国王的垂青。国王乘着马车缓缓地巡视在花海里，但是，面对着朵朵争奇斗艳的鲜花，他一点儿都不兴奋，直到他看到那个捧着空花盆的小男孩，脸上才露出微笑。

最后，小男孩儿成了最后的幸运儿。因为国王发的花种全部是煮过的，根本就不能够发芽开花。

诚实性格的力量是不可估量的，它让一个贫穷的小男孩成了大臣，从此能有途径发挥自己的才华，改变自己的人生。诚实是女人的良好性格，在现实生活中，讲信用、守信义是立身之道，是一种高尚的情操，它既体现了对他人的尊敬，也表现了对自己的尊重。

一个诚实、守信用的女人，无论走到哪里都会散发出令人信服的个人魅力。不守信用的人只能处处受到人们的鄙视。诚实性格的女人总是会赢得更多的机遇，机遇总是去寻找诚实正直的人。

一个有着诚实品格的女人获得财富和晋升的速度可能不如弄虚作假、投机钻营的人来得快，但那些利欲熏心的人不明白，在他们多得到一分金钱的同时，已经丢掉了更多荣誉。如果女人有着诚实的性格，那么最终的成功将会是一种真正的成功。做一个襟怀坦荡、诚实正直的女人吧，只有这样的女人才更容易敲开成功和幸福的大门。

性格友善的女人是最美的天使

女人要友善地去对待别人，诚恳实在地去付出，才会赢得别人发自内心的理解、尊重与支持，这才是女人的魅力所在。

人生在世，每个女人都生活在不同的环境中，但是性格友善的女人待人处世的法则是不会变的。女人要宽容友善地去对待别人，诚恳实在地去付出，才会赢得别人的发自内心的理解、尊重与支持，这才是女人的魅力所在。

一次，哈维夫人邀请了几个重要的朋友吃午饭，并邀请林克负责宴会事宜。林克是纽约最好的宴会经办人，以前曾经协助哈维夫人举办过多次成功的宴会，深得哈维夫人的信任。

但是，这次林克让哈维夫人很失望。午宴很失败，整个宴会毫无秩序，菜做得糟透了，每次上菜都是最后才端给主客。宴会上看不到林克的身影，他只派了一个他的助理来，安排的几位侍者一点也没有一流服务的概念。哈维夫人对此很生气，决定等见到林克时，好好给他一点颜色看看。

但是，哈维夫人转念一想，对林克大发脾气，除了使他尴尬、不高兴并产生不愿意合作的情绪外，没有任何好处，这次的事件已经无法补救了，何必再为以后的合作增添障碍呢？所以，当她再次见到林克时，哈维夫人和颜悦色地说：“林克，我只想告诉你，上次的宴会你若是能在场对我会有多么重要。当然,那天的菜不是你做的,也不是你上的,虽然你是纽约最好的宴会经办人,但那天的局面是你也没办法控制的。”

“是的,夫人,那天的事情我确实很抱歉,您能这样理解我,我真的感到很高兴!”

“林克,下周我还要举办一个宴会,我仍然非常需要你的帮助,你认为我们是不是应该再合作一次呢?”

“谢谢,夫人,我也非常期待与您再次合作,我想上次的情况不会再发生了!”林克微笑着说。

在下周的宴会开始之前,林克和哈维夫人一起计划菜单,并亲自在现场照应,服务完美无缺。宴会结束后,客人和哈维夫人说道:“我从未见过如此周到完美的宴会服务,您对宴会经办人施了什么魔法吗?”

哈维夫人笑了:“我的魔法就是友善!”

谁都会因为某种原因而犯下一些错误,当别人犯了错误时,女人不该再对他横加指责,应该友善地包容他的过错。哈维夫人这种宽广的胸怀使得林克感到被尊重、被谅解,这种关怀足以使林克以后将哈维夫人的事当成义不容辞的责任,并更加竭尽所能地为夫人办事。哈维夫人的魅力在无形中施展,使得她获得了别人的尊重与爱戴。

人生旅途中,成功与失败同在,顺利与困难交替,欢乐与悲伤共存。每个人都不完美,都会有做错事的时候,然而对于种种的不如意,不同的女人有着不同的对待方式。心胸狭窄的女人不懂得友善地和人交往,而惯于斤斤计较。她们不知道,友善是一种大度、一种涵养,是一种积极的生活态度和崇高的道德观念。友善的女人会从内而外散发出无形的魅力,充满亲和力,使人愿意接近。

女人因友善的涵养而变得美丽,与这种女人相处会满心欢喜,因为和她相处的过程中，很多烦恼琐碎的小事都会因友善而消散。

性格友善的女人能得到别人的尊重，并不是因为她的漂亮耀眼、美丽动人。容貌是与生俱来的，很难改变。而友善的性格则是女人靠后天修炼所得的一种独特的气质和涵养。

不斤斤计较，懂得宽恕的女人，别人才会悦纳她。如果一个女人能够认识到这一点，那她的人生就不会有那么多的抱怨了。有时友善也是一味良药，能化解人们之间不必要的矛盾。总之，友善的女人拥有迷人的个性，由内而外散发出从容、祥和、自信和优雅的魅力。

友善的女人身边会有很多喜欢她性格的朋友，同时这种女人是自信的，她分分秒秒都散发着一个成熟女人的魅力，感染周围的人。在重重困难面前，友善的女人不会逃避、指责他人，而是能够坦然地接受。她知道要在适当的时候选择放弃、包容。她们不会在与其他人的攀比中过日子，更不会整天跟在别人后面，盲目地追赶潮流，因为她们是理智与冷静的。

有人说："当你把周围人都看成天使的时候，你就生活在天堂里。反之，当你把周围人都看成魔鬼的时候，你就生活在地狱里。"友善的性格使女人总是笑对人生，她们为自己选择了天堂这个美好的住所，并过得幸福。

自尊的性格让女人的魅力尽情展现

自尊的性格能调动起女人所有的能量去塑造自己，使女人的影响力和魅力得到展现，把女人带向她人生的最高点，这种自尊自强的魅力带给女人的是别人对她的尊重、赞美。

自尊性格是改变女人一生的一件宝贵工具，它能驱动女人不断地去追求更高的成就，面对困难不退缩、不逃避。诚然，在追求成功的过程中，女人要付出极大的努力才能获得他人的赞美及声誉，但是这种付出和女人创造的成就是等价的。自尊的性格能调动起女人所有的能量去塑造自己，使女人的影响和魅力得到展现，把女人带向她人生的最高点。

女人拥有自尊性格的同时也就意味着拥有了名誉、成就、知识、能力、地位、荣耀、权力、认同、赞美等一切美好的东西，自尊是女人奋斗一生的主导力量，它使女人尊重道德，并以道德标准进行思考，决定和规范她的行为，使她忠于自己的德行。经由自尊所唤起的道德感，会让她正直、诚实、仁慈，遵从自己的良心，不出卖自己，这种自尊自强的魅力使得女人得到人们对她的尊重、赞美。

当年，男孩和女孩还都是学生。那年，他们所在的学校举办了一次周末舞会。女孩子们都是盛装打扮，长发披肩，安静地坐在舞池旁边笑着看向跳舞的朋友们。

这时，男孩走过来向她微微鞠躬，伸出手说：“我可以请你跳一支舞吗？”男孩彬彬有礼，像一个高雅的王子，让人不忍拒绝。女孩有些羞怯地站了起来，接受了他的邀请。

当两个人面对面地站在舞池中间，等待音乐响起的瞬间，男孩忽然发现：这个女孩竟然还不及他胸口。男孩轻轻地说：“你的个子好矮，还不到我胸口呢！”说完，男孩微微笑着，就像童年的时候与小伙伴比高矮后得意的样子。其实男孩说这句话完全是无心的，他并没有想伤害女孩的意思。

这一切发生得太快了，女孩一点儿也没有准备，愣住了，原本脸上的笑容一下子僵住了。男孩说出这句话也立刻感到有点冒失，眼前这个女孩并不是自己熟悉的伙伴，而是一个在舞会上邂逅的舞伴，这样说话是有点伤人的，男孩的脸一下子红了。

不过女孩只是稍稍愣了一下，脸上很快又浮出了笑容：“是吗？那我要迎接挑战咯！”男孩没有明白女孩是什么意思，只好歉意地笑着。

只见女孩下意识地挺直了腰，轻描淡写地说：“把我所发表过的文章和诗歌垫在我的脚底下，我就比你高了。”

原来，女孩也有她的骄傲，这让她将自己本已可能破碎的尊严重新变得完整。

舞会过后，男孩和女孩成了恋人。多年后，男孩还会回想起女孩那两句不卑不亢的话，“我要迎接挑战”“把我所发表过的文章和诗歌垫在我的脚下，我就比你高了。”男孩说，就是这两句话，他当即对这个矮个子女生肃然起敬，而之后的交往，女孩自尊自强的性格魅力彻底征服了他。

事实上，女人无论是青春美丽还是年近花甲，默默无闻还是身世显赫，自尊的性格都是她绽放人生魅力的法宝，就像拿破仑所说过的那样：“自尊的力量比物质的力量强大十倍。”一个拥有万贯家财的恶人永远得不到世人的尊敬，而一个渺小、没有什么大成就的女人，却能因为自尊自爱自强，而受到他人的欢迎，甚至收获爱情。

自尊是女人对自己的一种敬意，对自己的一种重视。一个女人要有尊严，要爱自己和自己的灵魂，要肯定自己，将自立放在重要位置，而不是处处选择依靠他人，接受他人的施舍。自尊的女人非常尊重自己，正是因为她们自己尊重自己，由此她也会博得他人的尊重。然而，一旦一个女人失去自尊，她便不能自爱，甚至出卖自己的灵魂。连自己的灵魂都不尊重的女人，又怎么能够获得别人的尊重呢？

自尊性格对于每一个女人来说都是潜藏在内心深处一股推动自己的强大力量。女人可以没有金钱、事业、功名等，但一定不能没有一颗自尊心。自尊心是一个人生存与世界上的一个动力、一种原则。它会驱使女人向着自己的理想和人生高度不断攀爬，使其站得更高飞得更远。

温婉性格的女人最耐人欣赏

有一颗善良的心，有良好的修养，这是一个温婉女人最根本的素养，内心的善良与包容是她们获得别人欣赏的制胜法宝。

温婉是女人独有的一种魅力，温婉性格的女子总是谈吐温柔，举止婉约，不禁让人沉浸在女人自身的深沉、文雅与娴静中。“温婉”是魅力女性的另一个重要特质，这种性格的女人是最值得欣赏的。

温婉的性格能折射出一个女人的品质和修养，它是一种风格，一种境界。温婉的性格是由女人的文化修养和先天性格共同凝练所致。它表现出女人的一种风情，一种智慧。温婉的女人像一阵清风，可以吹去人们心头的不安与烦恼。

性格温婉的女人，可以没有倾国倾城的绝世容颜，也可以没有世界名模的曼妙身材，甚至可以没有优越家境的熏陶，但她们绝不会没有与世无争、闲适恬淡的处世态度。无论何时，温婉女人都懂得用自己的宽容之心去包容世间的诸多不如意。安静、善解人意、宽容、善良、有爱心是温婉女人所具备的品质。

温婉性格的女人令人欣赏，因为她们总是怀有一种从容、坦然的心态来待人处世。她们善于在纷繁琐事中温柔待人，善于在轻松自由时婉约处世，温婉是魅力女人不可轻视的处世艺术。

那一年，小文和她的丈夫离婚了，房子和儿子都判给了她，丈夫带着情人去了远方。拿着判决书和房产证，小文来到房产局办理过户手续，但房产证的地址与判决书上的不一致，所以暂时办不了过户。匆忙离婚遗留下来的问题让她费尽周折——房子是当时丈夫所在单位分的，而现在这个单位变成了私人企业，改了名，必须由原单位出具证明材料，才有可能办理过户。

小文拿着判决书找到丈夫的原单位，接待她的那位刘姐她见过几次面，打过几声招呼。

小文把要办的事简单地说了说，刘姐从桌上拿过一张纸，开始一字一字地写起来，不时抬头问问“这样写可以吗？”小文站在旁边，偶尔问刘姐几句，无非是“现在住哪儿”“单位效益怎样”的简单寒暄。

写得差不多了，刘姐又拿出一张纸，要把刚才写的认真地誊写一遍。忽然有人敲门，推门而入的是一位小伙子，"刘姐，拿几张打印纸。"边说边走向刘姐。正在誊写的刘姐用左手轻轻地把判决书翻转过来，小文一时没回过味儿来，只看到桌上的判决书变成了一张白纸。

小伙子走了，刘姐不动声色地继续写，她又把判决书翻过来，要把自己写的和上面的一一对照。盖上印章，马上就要大功告成了。又是一阵敲门声，进来一位女同志，小文一看，是丈夫原来的同事。她向对方问好，对方问："好长时间不见你了，你老公还好吧？""噢，好，还好。"小文嗫嚅着，不知怎样回答才好，她怕接下去的谈话触及心灵的伤痛。幸好那位女同志与刘姐简单说了几句就匆匆离去，小文担心地看了看桌上——不知什么时候，那张判决书又变成了一张白纸。

小文很坚强，没多长时间，她就从离婚的阴影中走了出来，然而，每次在想到刘姐时，她还是会无声地淌下泪来。其实在内心深处，小文对离婚这两个字还是很敏感的。虽然别人就是看到了离婚判决书也没什么，可就在那一刻，刘姐不经意的一个举动却让她的心微微发颤。是刘姐的温婉，不动声色地维护了小文的自尊。也许只有女人最理解女人，最温婉的莫过于女人心，刘姐无疑就是那种温婉的女人，那种让人从心底欣赏的女人。

性格温婉的女人懂得恰到好处地打点自己的生活，懂得提高自己的内在修养，更懂得如何为人处世，保留他人的自尊。温婉女人外表不一定张扬，但却一定富有她自己的独特格调，那感觉就像深夜绽放的昙花，香气清清远远地袭来，沁人心脾。温婉性格的女人并不都是小家碧玉，历史上以温婉著称于世的女人不胜枚举。

才貌双全的王昭君，以自己的柔弱之躯，自愿嫁给呼韩单于为妻，此举不仅保证了当时的边境和平，更重要的是她给蛮夷之地带去了中原文化，促进了当地经济、文化的发展，因此可称得上是天下第一温婉女人。

"花自飘零水自流",一代才女李清照,用自己的满腹才华,展现了女性的婉约之美。纵然到了迟暮之年,这位才女仍不失其内心的温婉,信手写来的文字依旧让人感受到世界的美丽。

果断的性格能帮女人出类拔萃

果断的性格能帮助女人把握时机,找出当前面临的最迫切的问题,并逐一对所遇到的问题作出决策,获得事半功倍的效果。

果断,是一种性格,也是一种成功者才有的气质,果断的性格会让女人事半功倍。这是因为性格果断的女人做事有一种雷厉风行的感觉,她们果敢行事、当机立断,把握时机后就尽全力去做,用最少的时间和精力把事情做到尽善尽美。

马莉从一所普通的大学毕业后,信心百倍地来到人才市场求职。整个会场人头攒动,她转了一圈,发现有一家很不错的公司展台前竟然无人问津,这与其他展台的热闹场面形成了鲜明的对比。百思不解的马莉走过去看了一下,暗自吃了一惊。原来,招聘启事上写得很明白,所招的几名业务员点名只要名牌大学毕业生,还必须有两年以上的工作经验。条件如此苛刻,难怪大家望而却步。

马莉转身想走,转念一想,这工作挺有吸引力的,自己应聘一下也无妨。于是马莉打定主意,果断地走上前去应聘。她径直来到应聘桌前,招聘主管指了指招聘启事问她："我们的要求你看过了吗？""看过了，不过有点遗憾，我一来不是名牌大学毕业，二来没有工作经验。"马莉不慌不忙地回答。那位主管把马莉打量了好半天，才说："那你居然还来应聘，不怕吃闭门羹吗？"马莉微微一笑，说："主要是因为我热爱这份工作，虽然没有工作经验，但我觉得我完全有这个工作能力。学历是能力的一种参考，但绝不是唯一的参考。经验是在过程中形成的。"马莉停了停，又说："如果我具有你们所要求的那些条件，我就会来应聘像你这样的主管职位。"

那位主管笑了笑，竟出人意料地收下了马莉的简历。更让人惊奇的是，事后又过了三天，马莉就接到通知，显然她被录用了。马莉问原因，主管说："那些招聘条件只不过是故意设置的门槛，谁有挑战这一门槛的勇气和果断行事的作风，谁就是我们所需要的人才。"

很多时候，绊住我们脚步的往往不是我们的实力，也不是那些所谓的条件限制，而是自己的勇气。马莉敢想，更敢做，她果断的性格帮助她得到了很多人都期盼的工作。纵观历史，我们不难看出，那些性格果断、能够迅速作出决定的人从来都不怕犯错误，对他们来说，哪怕判断失误，做错事，也比那些只会逃避的懦夫强。有些女人担心自己做错事而一直犹豫着要不要付出行动，就像那些站在岸边，直到别人把他推下去才肯游泳的人一样，她们永远都无法达到胜利的彼岸，永远都无法摘取胜利的硕果，她们太过优柔寡断，需要果断的性格来替换她们犹豫不决的恶习。

如果你有犹豫不决的坏习惯，就应该从现在开始，坚决剔除它，不要让它成为你成功路上的绊脚石。如果有一天你发现，果断的性格、当机立断的作风已经成了你的一种习惯，这时你就会感到，你已经是个无比自信、无比幸福的人了，美好的人生也就在你眼前了。

一个初学打猎的年轻人跟随自己的师父到山里去打猎。没走多远，他就发现了两只兔子突然从树林里蹿了出来，年轻猎人很快就取出自己的猎枪。两只兔子朝着不同的方向跑去，年轻猎人一时间不知瞄向哪只兔子，想打这只兔子，又怕那只兔子跑了，猎枪一会儿瞄准这只，一会儿又瞄准那只，就这样犹豫不决，结果两只兔子都不见了踪影，年轻猎人感到十分沮丧。

当鱼和熊掌不能兼得时，女人必须果断作出决定，抓住时机，马上出击。常言道：一鸟在手，胜过双鸟在林。当机遇在你面前出现时，千万不要犹豫，因为机遇稍纵即逝。倘若犹豫不决，患得患失，只会错失良机，就像这个沮丧的年轻猎人一样。

女人在遇到问题的时候，时常不是对问题的本身不能理解，而是缺乏一种果断下决定的气魄，女人很容易被周围人们的闲言碎语所动摇，她们瞻前顾后、患得患失而使自己永远拿不定主意。因此，女人一定要提醒自己：做事不要犹豫，要当机立断，自信地面对每一个机遇。

果断的性格是事业成败的关键，几乎每个事业成功的女人都能迅速对某件事情作出决断，而失败的女人在作决断时，通常犹豫不决，拿不定主意。果断的性格能帮助女人把握时机，找出当前面临的最迫切问题，并逐一对所遇到的问题作出决定，获得事半功倍的效果。不要担心自己的判断是否正确，要知道，不管做出什么样的决定，总比不做决定要好。女人在独立思考时，一定不要为别人的意见所左右，要相信自己的判断，只要自己认准的事，就全力以赴去努力。

乐于助人的女人最可爱

乐于助人的女人是可爱的，因为她们的大方、热情总是能感染身边的人。面对别人的难处，她们不会选择冷漠的无视，相反，她们会倾尽所有地去帮助别人摆脱困境。

大方、健谈是东湖中学高三应届毕业生张孟苏给人的第一印象，她的成熟与干练，更与18岁的年龄显得极不相符。张孟苏高考考了500分，这个分数只能上个二类本科学校，但新加坡一所大学却在一次面试之后就预录了她，还给了她20万元的奖学金，而这一切都是由于张孟苏乐于助人的性格给她带来的机遇。

高考结束后，张孟苏到武汉大学参加一场招生咨询会，不巧下了暴雨，她赶到时，招生人员已在撤展了。西南大学的一位女老师在拆雨篷，因为个子矮，显得分外吃力，一向热心助人的张孟苏见状就走过去帮她的忙。这个不经意的动作，被坐在一旁的一位来自新加坡的老师看到了，张孟苏准备离开时，对方叫住了她，并约她到酒店参加新加坡学校的初试，并最终得到了这次额外录取的机会。

主动与人交往、乐于助人，是女性应该具备的素质。张孟苏被新加坡老师"发现"，表面上纯属偶然，但背后蕴涵着必然：主动帮助他人的品质，许多学生根本不注意培养，张孟苏有这样的好性格，才能在关键时刻发挥出自己的魅力，得到表现自己的机会。

乐于助人的女人总是会被冠以可爱女人的称号，因为她们的大方、热情总是能感染身边的人。面对别人的难处，她们不会选择冷漠，相反，她们会倾尽所有去帮助别人摆脱困境，丝毫不在乎自己是否得到了好处，或者是否利益受到损害。

有乐于助人性格的女人内心总是快乐的，因为她们不会整天把自己摆在第一位，不会烦恼自己是不是损失了什么。她们心中装着更广阔的世界，热心肠的女人最明显的特征就是善长交际。这种女人能够迅速和周围的人们建立起融洽关系，她们帮助那些遇到困难的人，并且很快地和他们沟通。俗话说，添砖加瓦不如雪中送炭，对施助者来说，帮助别人也许只是一件小事不足挂齿，但对被帮助的人来说，这种关怀无异于冬日里的一杯温水，暖人心怀。

生命像回声，女人送出什么它就会送回什么。帮助无助的人，播种下爱的女人自然就会收获爱。你想要别人是你的朋友，首先你得是别人的朋友。心要靠心来交换，感情只有用感情来交换。

作为一个特殊家庭的顶梁柱，于大姐虽然是肢体残疾人，但她的生活却很充实、很有意义。“人人为我，我为人人”，这样的信念使她在自己人生的道路上迈着坚实的脚步。她一个人承担着家庭的全部重担，每天拖着残疾的身体做饭、洗衣服、收拾房间。为了勤俭持家，她勤于理财，生活上从不与人攀比，一件衣服要穿上好几年。她的丈夫、女儿受其感染从不乱花一分钱。一家三口过着和睦、幸福的生活。就是这样一个家庭，在别人需要帮助的时候，却总是慷慨解囊，乐于助人。每一次救灾扶贫活动，于大姐都拿出超出寻常家庭的捐赠。特别是 2008 年四川遭受特大地震以后，于大姐一家更是情系灾区，她第一个来到社区，拿出 100 元钱和两条新棉被，捐献给灾区。这点钱和物对于一般家庭来讲，也许算不了什么，可对于这样一个残困家庭，却是从嘴里省出来的积蓄。她不但自己积极捐款，还主动协助社区发动志愿者们奉献一片爱心。连续几天，她都和社区工作人员在一起默默无闻地工作，感动了周围的人群。一次，邻居家的自来水管冻裂了，跑漏的自来水在走道上结了一层冰。于大姐怕有人滑倒伤着身体，从家里拿出斧子，拖着残疾的身体，一下一下砍着。她的行动感动了邻居，大家纷纷帮忙，修管道的修管道，砍冰的砍冰，一个团结互助的景象展现在社区。于大姐还经常帮助那些需要帮助的人，一次上街买菜，她看见一位近 80 岁的痴呆老人，手里拿着 1 元钱硬要买人家 6 元钱的东西，双方争执不下，她走过去掏出自己买菜的 5 元钱交给对方，解决了这场“纠纷”。类似牺牲自己的利益助人为乐的事情连她自己都不记得做过多少次，有人说她傻，有人笑她痴，但于大姐痴心不改，她很乐于做一个帮助别人的人，于大姐常说，“我经常受到别人的帮助，所以我也要用我力所能及的力量去帮助别人，这样我们的家才能越来越好。”

乐于助人的女人明白，把别人的忧虑当成自己的忧虑的人，别人也会忧虑她的忧虑；把别人的快乐当成自己的快乐的人，别人也会快乐着她的快乐。帮助别人就是帮助自己，成就别人就是成就自己。相反，伤害别人就是伤害自己，诽谤别人就是诽谤自己，苛刻别人就是苛刻自己。希望获得别人帮助的人，首先要帮助别人。与人方便，才能自己方便。正是这种最朴实的思想，让乐于助人的女人得到了“最可爱女人”的称号，这也是一种性格魅力的体现。

懂得吃亏的女人更有福气

吃亏是福不是祸，古人常说："退一步海阔天空"。适时退让是为了让人能走得更远。

从前，有一条大河，河面上波浪翻滚。河上有一座独桥，桥很窄，仅用一根圆木搭成。有一天，两只小山羊分别从河两岸走上桥，到了桥中间，两只山羊相遇了。但因桥面太窄，谁也无法通过，而这两只山羊谁也不肯退让。结果，两只山羊在桥上用角顶撞起来。双方互不示弱，拼死相抵，最终双双跌落桥下并被河水吞没了。

这则寓言看起来很简单，但蕴涵着"径路窄处，留一步与人得"的道理，很多女人喜欢占小便宜，不喜欢吃亏，其实吃亏并不是一件坏事。如果女人处在寓言的情境下，面对狭窄的路口，不妨让别人先行，自己退让一步。表面看来，自己是吃亏的一方，但实际上，吃亏是福不是祸。如果彼此都不相让，势必会两败俱伤，倒不如稍作退让，自己退一步让人先走，那么自己可以轻松走路，两相对照，自然是吃小亏享大福了。

有一位在美国留学的计算机博士，一时难以找到工作。没有工作，生计没有着落，这个滋味可是不好过。他苦思冥想，决定收起所有的学位证明，以低身份去求职。一家公司老板录用他做程序输入员。这工作对他来说简直是大材小用。不过，他还是一丝不苟，勤勤恳恳地干着。

没过多久，老板发现这个新来的程序输入员非同一般，他竟然能看出程序中的错误。这时，这位小伙子掏出了学士学位证书。老板二话没说，立刻给他换了个与学历相对口的职位。又过了一段时间，老板发现他时常还能为公司提出许多独到而有价值的见解，这可不是一般大学生的水平呀！这时，这位小伙子又亮出了硕士学位证书，老板看了之后又提拔了他。

他在新的岗位上做得很出色，老板觉得他还是与别人不一样，非同小可。于是，老板把他找到办公室，对他进行询问，这时，这位聪明人才拿出来他的博士学位证书。

老板这时对他的水平有了全面的了解，便毫不犹豫地重用了他，这位博士终于获得了成功。这位博士的点子好就好在以退为进，看上去是自己降低了自己，好像吃了亏，但是他自己明白，身处低位，被人看轻不要紧，一旦有机会，就可以大放异彩，展露才华。相反，如果他不肯放低博士的头衔，不愿意吃亏当个小员工，一开始应聘时就亮个博士证书，容易被人看高，期望值过高，反倒容易失望。

女人如果想像这个博士一样在社会上走出一条路来，那么就吃点小亏吧。放下你的学历、放下你的背景、放下你的身份，让自己回归到"普通人"。不在乎别人的眼光和批评，做你认为值得做的事，走你认为值得走的路，你终会得到你想要的。

古代有一个商人来到某水乡小镇推销金鱼缸，金鱼缸造型精巧、工艺精细，但是却没什么人买。于是，商人找到一个卖金鱼的老者，以低价向老头订购了500条小金鱼，第二天上午，商人让老头担起金鱼跟他一起走，他们来到一条穿镇而过的小渠上游。老头按商人的吩咐，把500条小金鱼全投入小渠里。

下午，一条消息传遍整个小镇：水渠里不知从哪里来了一群既漂亮又可爱的小金鱼！镇上的人争先恐后拥到水渠边，小心翼翼地寻找、捕捉小金鱼。捕捉到小金鱼的人，兴高采烈，立刻去市场买金鱼缸，那些还没捕到金鱼的人，也纷纷拥去市场抢购鱼缸和金鱼。大家都这么想：既然水渠里有金鱼，今天虽然捉不到小金鱼，但是总有一天能捕到的，就是捕不到，也可以买来养，那么鱼缸总能派上用场。因此，养小金鱼成了镇上人们的时尚与喜好。

卖鱼缸的商人把鱼缸的价格抬了又抬，几千个小鱼缸很快被镇上的人抢购一空，那老者的生意也跟着火了起来。

聪明的商人从金鱼缸想到金鱼，一开始放掉500只小金鱼好像吃了很大的亏，但村民抓到金鱼就会想到买金鱼缸。小金鱼是道具，卖出金鱼缸才是商人的目的。商人表面上是吃了大亏，白白浪费了500只小鱼，实际上，他是利用人的贪欲心理为自己谋求利益，村民抓到小金鱼，肯定会买鱼缸盛放。由此，这个商人轻易把自己的金鱼缸销售一空。

商人的这种“吃亏”性格，包含着审时度势的大智慧。鉴于此，女人不要为了一点鸡毛蒜皮的小事与人争吵不休，要学会培养自己“吃亏”的性格。吃亏是福不是祸，古人常说：“退一步海阔天空”。适时退让是为了让人能走得更远。吃亏的性格能让女人主动向后退一步，但反而会因此获得更多的利益，拥有更加广阔的发展空间。

率真性格的女人魅力无法抵挡

人们在和率真性格的女人交往时，往往是心灵的交流，率真的女人从内

而外散发出一种自然纯情的性格魅力，而这种魅力是没人可以抵挡的。

每个女人都有自己不同于别人的风情，有的优雅婉约，有的楚楚动人；有的女人精明能干、冰雪聪明，有的女人温和如风、柔美可爱，然而率真的女人最是让人心驰神往。人们在和率真性格的女人交往时，往往是心灵的交流，率真女人从内而外散发出一种自然纯情的性格魅力，而这种魅力是没人可以抵挡的。

并不是所有的女人都拥有率真的性格，有些女人不善于与人交流，她们害怕别人会洞察她们的内心，害怕自己做的事不够完美，因此不能做到心无顾忌、天真率直。

“我有一个关系很铁的姐妹，我特别喜欢她的率真性情。”内向的小丽说起自己的好姐妹，脸上带着淡淡的笑容。“要说她的长相，也许要怪上天太不公平了吧，矮矮的个子，黑黑的皮肤，还有小小的眼睛，是最不起眼的那类人，然而她却是朋友中最受欢迎的一个。她落落大方，肯发表自己的观点，与人从不矫情。有一次我问她：准备找一个什么样的男朋友？她说：找一个爱我多一点儿的吧，你看我这副模样，不过，他找了我好啊，至少他大可放心做自己的事情啊，你说对不？她很坦然，对自己的长相毫不在意。”

率真性格的女人也许不漂亮，但她浑身散发出的那种真诚的气息却是最打动人心的。率真的女人有时候显得很憨，她没有心计，口无遮拦，有时候会在无意中得罪人，也会不留神跌入别人的陷阱。可她并不知晓，一如既往地关心别人，弄得别人也被她的这种率真感动起来。率真的女人很可爱，她的可爱来源于她的透明。在人与人日渐隔膜、疏远的情况下，每个人都把自己藏得很深，怕被别人看出什么。而率真的女人却坦坦荡荡，洒脱开朗，让人容易接近且不觉得累。率真的女人很健康，她的健康来自她对人的真诚。她不以小人之心度君子之腹，不去算计别人。她乐于帮助别人，与人为善，不去为一己私利斤斤计较。

雯雯是一个率真的女孩，很多朋友都很喜欢她的直率性格。她喜欢讲话，不管是自家的，还是别人家的，都爱拿来评说，评说中总加入自己无限的关怀，看不出些许的嫉妒。这许许多多坦言的话，也给她带来过麻烦，可人们最愿接受的人还是她，因为她是个透明人。工作上的她，勤奋肯干，对新事物、新工作特别爱钻研，发现有什么不对就直言说出，喜怒哀乐全在脸上。于此，领导误解过她，同事也有过微词，但她仍一如既往。

率真的女人很快乐，她有什么就说什么，想做什么就做什么，在乎自己的感觉，不在乎别人的目光。她的内心是明亮的，没有不必要的忧愁。率真的女人还有些孩子气，她轻松明快不顾做深沉，她心里没有杂质，保持快乐的心态。这样的女人即使活到80岁依然会童心未泯，充满魅力。率真的女人是那种男人和女人都喜欢的人，与率真的女人在一起，你的世界会变得很豁亮、很明净。

说到率真性情的女人，想来红楼梦中的林黛玉是一个最为天下人爱怜的女人。在大观园中，林黛玉是一个只知道信从自己的感情，而不知道顺应世上人情的人，越是在卑躬屈膝的环境中，她就越坚持自己的信念。林黛玉没有被古代隐忍屈承、安分随时的“美德”所同化，即使是处在孤独无依的成长环境和寄人篱下的境地之中，她仍然保持了自己率直、纯真的自然性格。在大观园里，林黛玉同薛宝钗的八面玲珑、面面周到不同，她轻灵卓异，孤高自许，毫无矫饰，即便是在贾母和王夫人面前，也从不说一句言不由衷的话。黛玉个性中最突出的一点就是从不“做面子”和“徇人情”的率真。

她不怕得罪任何人，薛宝钗被她不止一次地讥讽过，史湘云被她惹恼过，忙于夜赌的老婆子被她揭穿过……她好像就不知道世间还存谁该得罪、谁不该得罪的问题。一切都根据她生性的好恶，凭着她感情的流转，毫无顾忌地任意而言。她心里想的，也就是口中所说的，而口中所说的，又常常是为别人所不肯说的生活中的真相。这样，她便在大观园中给人留下了尖酸刻薄的普遍印象。在中国封建专制主义制度下，历来是“谗人高张，贞士无名”“行高于人，众必非之”。脂砚斋也曾感叹“世人原宜假不宜真也”。谚云：“一日卖了三个假，三日卖不出一个真。信哉！”在那样的社会背景下，林黛玉性格中的率真，尤为可贵。

做女人就该如林黛玉一样有一颗玻璃一样纯净、透明的心，率直的性格会使你活得洒脱。

性格开放的女人永不止步

性格开放的女人不仅有广阔的视野，而且积极争取在广阔的领域内活动，她们永远也不会停下自己进步的脚步。

性格开放的女人最明显的特征就是善于活动、长于交际，她们给人活力十足的印象，总是能够迅速和周围的人们建立起融洽的关系。

善于交际是性格开放的女人的外在表现；而心灵敞开，则是女人开放性格的内在表现。一个女人交际范围的广度，反映着她性格开放的量的方面。而心灵敞开的程度，则反映她性格开放的质的方面。积极与人交际，但并未敞开自己心灵的人，显然有开放性格的表象，但是却没有开放性格的实质，这种女人并不是真的开放，人们很难从她们身上看到活力四射的光芒。

敞开心扉、坦诚相见是开放性格女人的表现，在高速发展的现代社会，完成一项工作最讲究的是效率。女人的性格如果过分内向，就会妨碍和他人的正常交往，并给工作带来很多不利的影响。比如，两个人在一起交流思想，如果一方说话时保留的成分很多，那么，另一方就不能对他有较好的了解，因而给今后的相互协作制造困难。

女人在性格上要追求和时代相适应的“开放美”，敞开心灵，坦诚相见，不要使自己城府太深，人为地造成人与人之间的隔膜，削弱人与人之间感情联系的纽带。人之相知，贵在知心。在现代社会，心思高深莫测的人，没有人愿意与之交往。思想沟通、信息交流都是双向的，你能给别人提供有用的信息，别人才愿意给你提供有用的信息；你能有新的思想启发他人，他人才愿意和你进行思想交流。

性格开放的女人不仅有广阔的视野，而且积极争取在广阔的领域内活动，她们永远也不会停下自己前进的脚步。封闭的性格是以死守一地为特征的，这种性格的女人迷恋家园，把“背井离乡”看作一种不幸，终身封闭在一个很小的圈子内。而开放性格的女人正好相反，这种女人不甘心终身死守一地，她们渴望积极行动、走南闯北，去开眼界、见世面。许多西方女人把出国观光、远足旅行放在和吃、穿、住同样不可缺少的位置上，甚至为了一趟旅游而花费多年的积蓄，这在我国一些女人看来也许是不可思议的。西方女人这种观光旅游，难道仅仅是为了玩吗？不是的。她们是为了获得更多的信息，获得对世界更多、更广、更全面的认识。一个女人如果长期在一个相对不变的环境中生活，没有新的信息激发她去思考、去比较，很容易思想僵化。相反，一个人生活在无限广阔的天地里、处在不断变化的环境中，接触一些新的信息，可以思路大开。

开放的性格还可以使女人历经更多的社会变化，培养更广泛的社会适应能力。旧中国有一种“闯江湖”的人，阅历丰富，见多识广，因而谋生能力特别强。今天，敢于走南闯北、以四海为家的人，工作、职业、环境、地点的变化，也提高了他们对社会的适应力。开放性格的女人能顺应社会的变化，在激烈的竞争中有一番作为，因此，她们不会偏安于一地、龟缩于一角，她们志在四方，永不止步，无论是人际关系还是自己的人生路程，她们有自己的方向，有自己的做法，而她们乐观、明朗的人生态度和开放的性格使得人们对她们无比羡慕。

{Chapter 7}

好性格，好处世：女人事事顺心的性格导航仪

现代社会，随着女人受教育程度的提高，生活空间的扩大，社会环境的变化，在与外界不断接触中，女性的自我意识不断觉醒，价值观发生改变，她们不再满足于依附身边的男人，开始学会并且渐渐习惯用一种与男人平等的眼光看待自己和身边的事物。俗话说，“性格决定命运”，当女人拥有积极处世的性格时，她看待生活中的挑战与困难也就会更加积极，女人的命运也会开始向更完美的方向转变。

成功的女性都有自强自立的性格

性格与生俱来，伴随终身，不可摆脱。性格也是后天培养和完善的，女人应该培养自强自立的性格，主动掌握命运。

古希腊哲人赫拉克利特说:“一个人的性格就是他的命运。”我们可以这样理解，女人的性格决定了她一生的命运。

现代社会女性受教育程度普遍提高，女性的自我意识不断觉醒，众多女性也不再满足于贤妻良母的角色而进入社会积极地和男性竞争。可能刚开始的时候，她们能保持着自强自立的处世精神，但是当环境一变化，当面对周边有可以松懈的诱惑与机会时，很多女性就有可能会动摇，从根本上来说，她们自强自立的性格还没有完成形成和固定下来，它只是作为一种特性在女性身上短暂存在着。

萍是一个很有才气也很有野心的艺术家，她不断和不同的男人约会，却始终没能维系一份稳定的情感。和朋友聊天时，她总是说，一个女人要完全独立自主才能发展事业，认为女人把自己“束缚”在一个固定的男人身上是人生的一种障碍。但是后来她认识了从事房地产的王先生，萍十分迷恋王先生的稳重和可靠，更具有吸引力的是如果和他在一起，以后的人生根本就“不差钱”。在与他交往了半年后，萍放弃了原本重要的事业，也淡忘了自己曾经的梦想，心甘情愿随着他东奔西走。

上面例子中的萍是一个很典型的例子，她有才气也有野心，但是她的自强自立走的是两个极端：从一开始把男人与女人完全对立，到后来因为王先生的可以依靠就放弃了曾经的一切跟随他东奔西走。这样的女人在现实生活中不少见，我们不能怀疑她们的自强与自立，但是她们的这种自强与自立并没形成一种性格。

萍这样的女人在生活中屡见不鲜，她们高喊着独立自强、女人要顶半边天的口号尽力拼搏，不依赖某个男人，也更加鄙夷那种“乖乖女”，但当自己也坠入“情网”之后，自强、自立的意识轻易就被摧毁了。与萍这样的女人相反的是，那些骨子里具有自强自立性格的女人，始终能够把持自己的人生方向，具有很强的主见，由此把命运的稻草紧紧地抓在自己的手中。

当自强自立固化成女人的一种性格时，女人所有的行为方式都带着自强自立的特征，并不会随着环境的变化而改变，反而会不断地去改变所处的环境。

小美生在农村、长在农村，父母都是面朝黄土背朝天的农民。小时候，小美就意识到父母给了自己生命，但是自己的命运只能靠自己改写，因此，她对于学习特别上心和刻苦，每天都是第一个到学校，最后一个离开教室。顺理成章地，高中毕业时，小美考上了北京一所很有名的大学。毕业后，在一个事业单位找到了一份非常稳定的工作，村里人对她都投来羡慕的眼光。

但是在工作中，小美没有像别的女孩子一样沉醉于生活的安逸与工作的体面中，甚至别人给她介绍对象，她都婉言拒绝了，每次她都笑着说“我还小，等再过阵子再说”。其实，小美还有自己的追求。她每天都坚持学习，在干好自己本职工作的同时，利用好一切可以利用的时间看书，在工作的第二年，小美考上了北京大学的公费研究生。当时这件事情简直在单位炸开了锅，所有人都觉得这是天下掉馅饼，只有小美自己知道，这是她努力奋斗、自强自立的结果。

研究生学业期间，为了维持自己的生活，小美边工边读，抓住一切机会充实自己的理论与实践知识。有些爱慕小美的男人经常来找小美，走时还给小美生活费，但是都被小美拒绝了，甚至亲戚给小美生活费，她也同样拒绝了。问及原因，小美说："我害怕一接受你们的好意我的心就会动摇。我害怕那种依靠别人的感觉，我自强自立，可能辛苦点，但是心里踏实，偶尔还会为自己自豪……"读研究生期间，小美一直都是品学兼优，研三的那一年，小美顺利地拿到了哈佛大学全额奖学金去攻读博士学位。

论客观物质条件，小美是寒酸的，她就是山窝里飞出的金凤凰。但是，凭着她自强自立的性格，小美这只金凤凰越飞越远，人生的道路也越走越宽。从哈佛毕业后，小美回到了北京，当大家都在为工作发愁时，众多中外名企都用高薪向小美伸出了橄榄枝。后来有一次小美回到旧单位，旧同事都对小美投来羡慕的眼光，公司的总经理还特意招待了小美。

现代社会的女性面临着更大的压力，也面临着更多的诱惑，也许你在面试时遭到了性别歧视，也许你遭遇了丈夫的忽视、子女的抱怨、下岗的无助，也许你在灯红酒绿中受到了情感的引诱，但是自强自立的处世性格会令人把握自己的命运，享受自在的人生。在现代社会，也只有自强自立的女人才能撑起属于自己的天空，展现出自己独特的风采。

做事干脆的女人受人欢迎

很多女人做事优柔寡断，在面对选择时，哪怕是再小的一件事情她们都

会犹豫再三，刚下定决心，就开始后悔了。这种情形表现出女人的心理畏惧感，她们害怕作出错误的决定，担心承担由此产生的后果与责任。这其实是因为她们性格软弱，这种女人应该培养自己做事干脆的性格。

女人一生面临诸多命运给出的选择题，生活中的任何时候都需要你作出选择。你去逛公园，时间有限，不可能走完所有的路线，凡到岔路口，选择一个方向前进，一边走，一边选择，每选择一次就放弃一次；你去超市买一块桌布，如果有不同的颜色、不同的样式，你可能也会挑半天，可能挑到最后挑花了眼，你最后选择了你选中的，同时放弃了你未选中的。任何一种选择的同时都意味着另外一种放弃，女人能将这一点想明白，在作出选择时就不会那么犹豫，表现在性格上也会更加干脆与果敢。

很多女人之所以性格优柔寡断，做事犹豫不决，是因为她们希望能有一个大而全的办法，规避选择过程中的损失，哪怕就是鸡肋，食之无味也不愿意舍弃。但是生活是现实的，也是公平的，那种左右为难的情形会经常出现，所谓有舍有得，你只有舍弃才能得到。如果你过多权衡，做事不干脆，患得患失，到头来反而可能会两手空空，一无所得。

做事不干脆是女人的一大通病。在与人交往的时候，女人总喜欢说的词就是“随便”“就听你的吧”。这可以说成是性格上的随和，但是也可以看成是性格上的胆怯。选择意味着失败的风险，但也意味着成功的概率，那为什么不当断立断，把主动权掌握在自己手里呢？

有一个真实的惊心动魄的故事：在一个下雪天，村里的一个中年妇女独自去山上打猎。她在山里越走越远，突然被别的村民放置的捕熊器夹住了脚。更可怕的是，那时天渐渐黑了，温度特别低，在那样的环境下很少有人会出来。因此，对于她来说，等着别人来救援希望极其渺茫，她很清楚地知道，她要么是被冻死，要么是断脚逃命。这是个两难的选择，但是想着家里弱小的孩子和躺在病床上的老母亲，她很清楚自己不能死，因此，她拿出了自己随身带着的刀开始给自己截肢。为了防止因痛苦喊叫时咬伤舌头，她咬住帽子，用锯齿刀锯断了自己的腿骨。在经历了漫长的痛苦折磨后，她终于从捕熊器中解救出来，并用雪埋好自己的腿，以备后用。做完这些，这个女人连爬带跳地到了村里的医疗站，说明情况并告诉医生"我的腿还在雪地里"，然后就晕倒了。后来，在医生的救治下，虽然腿没保住，但是人还是活过来了。

果断、干脆的性格让这位妇女得以自救。对于女人来说，培养自己做事干脆的性格显得极为重要。这种培养要体现在日常的生活中，体现在女人生活的点点滴滴中，让它成为一种习惯。当你把习惯转变成性格时，你就会收获一种新的命运。

小美大学毕业后被招聘到一所小城市的中学担任物理老师。这当然不是小美理想中的工作，但是在这个就业压力很大的年代，小美也算是有了一份稳定而体面的工作，生活有了着落。没想到的是，一年以后，小美由于人际关系的问题被学校莫名其妙地辞退了。当时她十分痛苦与气愤，虽然一直觉得那份工作不是很理想，但是真正面临失业的时候，心理上的那种压力还是巨大的。在一段时间的悲痛过后，小美很干脆地作了个决定：报考清华大学的研究生。经过一年的苦学，小美顺利被清华大学录取。再后来，顺利出国读了公费博士，再后来回到了清华大学任教。

小美的例子很好地说明，有时坏事可能会转变成好事，正所谓"置之死地而后生"，只要你能用一种很积极的心态去处理，能很干脆地去处世。人的一生中会有很多鸡肋似的事物，你扔了会觉得舍不得，怪可惜，但是留着其实也没用，有时甚至是个累赘。这个时候，女人要果断地作出决定，如果你安于抱残守缺，那你可以继续保留下去；如果你不安于现状，就干脆地把“鸡肋”扔了，重新开始。

做事干脆，很多时候还代表着做事时你的反应速度，而反应速度又意味着你办事的效率与成功的概率。

坡地上，花草缤纷。生物学家达尔文在采集标本，兜里、手里已满是草叶、虫子。忽然又有一只他期待已久的飞蜢闪现在草丝里，他赶紧将手里捏着的虫子往嘴里一塞，腾出手向飞蜢扑去。

当期待已久的飞蜢出现时，达尔文把捏在手里的虫子塞嘴里，这样的做事方式可以说是不假思索，这种方式已经是他的一种风格与性格。不难想象，达尔文这种干脆的做事性格对于他研究生物起了很大的促进作用。

很多时候，犹豫会成为女人生活与工作中的一个负担，而这个负担又是女人自己强加给自己的。心理学家说，女人的依赖心理较强，因此，更应自觉培养自己做事干脆的性格。

在现实生活中，女人很干脆地去处理身边的小事，慢慢就养成做事干脆的习惯，这样在面临较大的抉择时也能游刃有余，不至于不知所措了。当这种做事干脆内化成女人的性格时，她的命运也会随之改变。

现代女性要具有爱冒险的好性格

理查德有一句名言说：“冒险就是从悬崖上跳下去，一边往下落一边长出翅膀。很多人不敢跳，所以永远也长不出翅膀。”对于危险的规避，似乎是女人的一种条件反射。

和男人相比，女人更加渴求安稳的环境，也更害怕冒险，但是，无限风光在险峰，你规避了冒险的同时也错失了很多宝贵的机会。因此，女人应该培养自己爱冒险的好性格。

孩提时代，你也会在野地里疯玩，敢做任何事情，你表现出一个十足的冒险者的模样。但是，当岁月流逝，你意识到了自己女人的角色时，你已经被灌输了众多女性应该遵守的“行为规范”，你更加中规中矩，安分守己。

“冒险”这个词本身就很容易被人曲解，被人与危险、失败等情景扯上千丝万缕的联系。但是，假使我们的想象和洞察能穿透这个词语表面的坚硬，我们会发现这个词代表着的动感与力量，我们还会发现它背后的脆弱。也许看透了这种动感与力量的诱惑，发现了它背后的脆弱，你会用另外一种视角去审视冒险，用另外一种心态去看待自己。其实，每个人的人生就是一场冒险，对于女人来说，哪怕具有再坚硬的保护壳，你也逃脱不了要冒险的命运。借用法拉奇的话来说：成为一个女人，是一种需要很多勇气的冒险。

很多时候，是否冒险只是意味着你在行动与非行动之间的选择。你放弃冒险，是因为你对自己没有信心，你以为自己现在走在一条十分安全的道路上。在你的眼里，冒险与其说是多了一个机会，倒不如说是多了一份危险，你害怕面对危险时的恐惧。但是，在这个机会稀缺与平等的社会，你规避了冒险，你也就放弃了成功的机会。而那些成功的人，都是在经历冒险过程的煎熬后才得到了掌声。

2003 年，北京新燕莎集团和北京金源时代购物中心有限公司正式签署合同，在西四环打造亚洲最大的 Shopping Mall，总经理的重担落到傅跃红肩上。当时北京西四环一片荒凉，“到了晚上，四周黑糊糊的，马路上没有车，四季城的房子还没交钥匙。”傅跃红回忆起那时的情景还依然清晰。傅跃红承认，在西四环建造购物中心，要担很大的风险。而傅跃红认为，“冒险精神对创业十分重要，而创业最需要的冒险精神，我一点儿也不缺。”她本性就是无畏的女子。

在顶住很大的压力建成了 Shopping Mall 之后，新的问题也接踵而来。Shopping Mall 建成第一年，客流不是很多。“我只有坚持。首先稳定商铺，其次吸引消费者。我们想尽办法，与商户沟通，取得理解，天天现场沟通，让他们觉得，公司可信，管理层可信。这个过程中，燕莎品牌也起了很大作用。我们与商户描述未来的前景，不断地召开大商户签约示范会。为了增加人气，我们通过营销活动，让消费者免费到这里看节目、看演出。坚持了 3 年后，终于开始盈利，这意味着我们看到了成功的曙光。”

傅跃红在 Shopping Mall 建成之后，面对新的问题，她选择了坚持，直至商场开始盈利。其实，这种坚持也是一种冒险，而这种韧劲则是对于冒险的肯定。

面对未知的冒险，绝大部分的人都会觉得恐惧，如果你能勇敢地经历这些冒险，你就能战胜恐惧，战胜恐惧的同时也战胜了冒险。就像《即使害怕也要做》的作者苏森·吉夫斯所说：“只要我不断地把自己推向世界，只要我继续提高自己的能力，只要我继续经历新的冒险以使梦想成真，我就一定能承担恐惧。”

理查德最初写《圣诞盒》这个故事，只是想送给两个小女儿做礼物。后来，亲戚朋友看了后，对这个温馨的故事赞不绝口，理查德受到鼓舞，准备将故事出版，但出版商对此不感兴趣，于是，理查德用个人积蓄出版了《圣诞盒》。

很幸运的是，当时正赶上美国图书论坛在附近召开，为了扩大《圣诞盒》的知名度，理查德在会场租了个柜台。会场的另一端是成名作家的展台。来宾的注意力也全部集中在名人展台上。他还发现名人展台上有位著名的作家缺席了，有一个空座位。理查德做了个大胆而冒险的举动，他鼓起勇气，端起一箱《圣诞盒》在那空位上坐了下来，开始签名卖书。有个组织者看到理查德，向他走过来，理查德还没等管理员开口，就说："抱歉，我来晚了。"来人愣了一下，赶紧改口问他需要什么饮料，之后也没来打扰他。

经过这一次的宣传，《圣诞盒》得到了广大读者的认可，还荣登了《纽约时报》畅销书排行榜榜首，并先后被翻译成18种语言，出版量高达800万册。一度受冷落的书稿最终被西蒙与舒斯特出版社以创纪录的420万美元重金购得，很多书商也因此喜欢上了《圣诞盒》，提出免费为他做宣传。

理查德在回忆时，他觉得那次售书时的冒险对他日后的成功起了举足轻重的作用。正是那一次的售书，打开了《圣诞盒》后来成功的大门。

绝大多数情况下，害怕冒险往往只是因为担心自己的能力不足。有趣的是，一旦接受冒险与挑战后，很多人都会恍然大悟：自己拥有的能力竟然远远超过原来的想象！

行为学家经过研究证实，通过冒险活动，可以让人更健康、积极、有活力，并能产生自信。从不冒险的人，不但容易颓废、暴饮暴食，承受压力的能力也比较低。其实，凡是值得做的事多少都带有风险。女人应该让自己拥有爱冒险的好性格，从而成就自己的梦想和人生。

积极参与竞争的女人运气好

孟子曰：生于忧患，死于安乐。如果没有了对手和较量，没有了竞争和危机感，对待任何事物都会因松懈而倦怠。竞争是普遍存在的，它是人的一种生存状态，也是人生的一种激励机制，对于女人来说，培养自己积极参与竞争的好性格尤为重要。

人的一生是竞争的一生，无论你如何安贫乐道，由于资源有限，你都在主动或者被动地参与竞争。

人在社会上，如果想要达到一个更高的层次，就要积极参与竞争。很多女人可能会说，“我没有欲望，我不愿意参与竞争，我就只要每天吃饭、睡觉就满足。”但是，整个社会的环境不允许你这样做。因为你这样做，你就会被社会抛在后面，停留在社会的最底层。

现代社会讲究男女平等，但是在实际生活中，女人可能会面临着性别上的歧视，这也意味着女人参与竞争要突破更大的阻力与压力，女人在参与竞争时要更加积极和主动。

首先，女人要认识到竞争的必要性。

在经济学上，有一个名词叫做“鲇鱼效应”，讲的是由于供氧设备不发达，长途贩运鱼苗常有大量死亡，损失惨重。后来有人在槽中放入鱼苗的天敌鲇鱼，为了避免被鲇鱼吞食，所有的鱼苗都本能地快速游弋，这样它们就能最大限度地吸食氧气，死亡率反而大大降低。这个例子说明，安逸的环境可能只是一种表象，人们可能在安逸的环境中窒息。而面对强大的竞争对手时，那种紧张的氛围往往能激发你个人的潜力。

在中国，类似于“鲇鱼效应”的例子也很多。古老的牧民看到自己所驯养的羊常常被狼吃掉，就想尽办法把草原上的狼除掉，以为这样就可以安心度日，可是羊群却变得老弱病残。相反，一些野生羚羊或野鹿为了生存而长期奔跑，不仅拥有强健的四肢而且能躲避狼的猎杀。

从这些自然界的例子里，我们往往能看到人生存的自然法则。只有在竞争的环境下，人才能快速成长，才能变得强大，禁得起风雨的洗礼与考验。

其次，要适度竞争。

竞争对于个人的成长是必要的，但是对于女人来说，也要适度竞争，过度竞争会给社会、家庭和女人自己带来许多不良的影响。

哈佛大学公共领导力研究中心室主任巴巴拉·凯勒曼认为，过度竞争对各方没有一点好处。他说，这么做即使不会形成社会危害，人们也不愿意与他们相处。事实上，这类人都有不同程度的人际交往障碍，很难获得朋友。一些美国心理专家认为，过度竞争是一种心理障碍，是一种融合了强迫、自恋、神经质、妄想和偏执症状的综合征；它不仅会影响自己的性情和与他人的关系，随着时间推移，也会引起家庭矛盾，给工作带来灾难。

武侠名著《侠客行》中的梅芳姑，是一个才色双全的女子，但是，她心仪的男子石清却喜欢“无才”女子闽柔。对此，梅芳姑百思不得其解。十多年后，遇到石清时，她质问他，“我的容貌与闽柔相比谁美？”石清回答，“自然是你美。”她接着又问，“武功谁更高强？”石清回答，“也是你高强。”她又问，“文学修养谁好？”石清回答，“自然比不上你。”梅芳姑冷笑道，“想来针线之巧，烹饪之精，我是不及这位闽家妹子了？”石清答道，“闽柔既不会补衣裁衫，也不善烹饪，连炒鸡蛋都炒不好。”梅芳姑更不解了，厉声问道，“既然如此，你为什么跟闽柔好呢?”石清说，“正是因为你样样都比闽柔强，也比我强，我和你在一起，自惭形秽，配不上你。”梅芳姑终于明白石清疏远她的原因，于是，便惨叫一声，自杀而死。

从梅芳姑的疑问与思维中，我们可以看到梅芳姑过度竞争的思维逻辑。她以为自己各个方面比别人优秀，就能拥有比别人更多的东西。其实，持这种过度竞争想法的人，在生活中反而不受人欢迎。

第三，竞争要注意细节。

很多时候，与人竞争并不是面对面的短兵相接。现在处在和平年代，竞争表现的方式可能更隐蔽。有人说，现在世界级的竞争是细节的竞争，细节影响品质，细节体现品位，细节决定竞争中的成败。

有家大公司想要收购一块地皮，一位老妇人的土地刚好在收购范围之内，但是那位老妇人是个有名的“钉子户”，在此之前有另外一家公司想收购这块地皮，就是因为这个老妇人的不同意而告失败。这一次，公司开出了优厚的收购条件，但老妇人还是说什么也不同意，公司业务计划因此受到影响。一天傍晚，老妇人来到这家公司，想表明她永远也不会在收购合同上签字。一位女职员接待了她，为她倒上热茶。因为地板凉，女职员把脚上的拖鞋给老妇人穿，自己光着脚。等公司领导来了，老妇人平静地表示同意签字。后来，在问及老妇人原因时，她说让她瞬间改变主意的是女职员那双温暖的拖鞋，就是这双拖鞋让她感觉到了浓浓的人情味与尊重。

对于细节，女人要十分谨慎。你可以因为细节成就自己的事业，也可能由于细节而葬送了自己的前程。相对而言，女人更加敏感，对于细节的关注表现得更自然，女人应该利用好自己的这个优势，努力在细节上做到脱颖而出。

现在社会是市场经济的社会，而竞争是市场经济正常运转最核心的机制，任何一个人的生存与发展都回避不了竞争。对于处在竞争潮流中的女人来说，应该积极接受这样的生存环境，努力培养自己积极参与竞争的好性格，只有当你养成了积极参与竞争的好性格时，你的内心才会真正接受这个社会的竞争，也才能让自己善于竞争，勇于竞争，乐于竞争。

吃苦耐劳的女人有福气

中国有句古话叫做："吃得苦中苦，方为人上人。"在漫长的人生旅途中，每个人都会遭遇到这样或那样的逆境。

人生是一次旅行，辛劳和苦难可以说是我们不能不花的旅费。只要我们有足够的坚强来面对这些风险，就能见到美景。女人生性比较娇贵，自觉培养吃苦耐劳的性格就显得更为迫切。

拥有吃苦耐劳的好性格是一种资本。当你有过饥饿的历史，你就知道了一粒米的珍贵，懂得了那些面朝黄土背朝天的耕耘者的可敬；当你有过寄人篱下的悲凉，你就能禁受得住旁人的风凉话。

确实，苦可以折磨人，也可以锻炼人。在这个竞争激烈的社会，如果你想走在别人的前面，你就必须放下面子去吃苦，吃苦是人生的一种经历，尤其是在你刚跨入社会的时候，能吃苦耐劳也是女人的一种优势。古话说得好，"自古英才多磨难"。反思历史，你会发现那些取得重大成就的志士都很注重培养自身吃苦耐劳的好性格。

清代著名作家曹雪芹，出身官宦世家，但他却不贪图富贵安逸，独处陋室，在墙壁上写下了“富非所望不忧贫”的座右铭，激励自己苦心创作。

孔子的高徒颜回，家境贫寒，屋舍破陋，卧在席上只能蜷着身子，他处在这样的逆境里却“自得其乐”，学有所成。于是，孔子便在《论语·雍也》中留下了这样的话：“一箪食、一瓢饮，在陋巷，人不堪其忧，回也不改其乐。贤哉，回也！”孔子赞扬颜回是一个“士志于道而不胜恶衣恶食者”。

吃苦耐劳本身是一种痛苦，但是，正因为承受了这些痛苦，这些名人才取得了巨大的成就。正如孟子所说：“天将降大任于斯人也，必先苦其心志，劳其筋骨，饿其体肤，空乏其身……”只有在经历了艰难困苦之后，人才能真正树立起面对困难的勇气与信心。

那些爱好旅游的人，对于平坦好走、容易达到的地方没有兴趣，偏爱去找险峻的山、未开发的林或者没人烟的岛。在他们的眼里，无尽风光在险峰，旅游的乐趣在于克服那些途中的困难，到达别人不易到达的地方。真正懂得人生的人也一样，他们不甘于平庸的生活，而总是去挑战一些困难，有些困难甚至是自找的一些困难。因为他们知道，只有在经历了一些困难，挑战了一些险境后，他们才真正体会到人生的真味。

李嘉诚幼年丧父，从小就不得不挑起生活的重担。原本无忧无虑的少年时期，他却迫于生计不得不辍学，靠自己求职谋生。经过努力好不容易在茶馆里找到了一份工作。每天清晨 2 点左右，当一般人还在睡梦中时，他必须提起精神从温暖的被窝中爬起，然后赶到茶楼准备茶水与茶点。那段艰难的日子，他每天的工作时间长达 15 个小时，生活对于他来说，就是一场严酷的考验与磨炼。李嘉诚的舅父看着他这样，十分疼爱他，为了让他能准时上班，就买了一个小闹钟送给他。李嘉诚为了保证能最早赶到茶楼工作，把闹钟调快了10分钟。由于李嘉诚吃苦耐劳的性格，茶楼老板十分赏识他，很快给他加了薪水。

在茶楼度过了辛苦而艰难的3年，17岁的李嘉诚开始了他推销员的生涯。现在李嘉诚的名字已经是家喻户晓，但是在通往成功的道路上，他所经历的苦难比常人多很多。

女孩子生性比较娇贵，做事情习惯性地会去拈轻怕重，对于吃苦总是抱着一种畏惧与躲避的心理。但是很多时候，人生并不按照你自己的设想或者期望那样存在。社会的竞争十分激烈，虽然你可能现在条件很优越，衣食无忧，但是没有人能保证接下来会发生什么事情，没有人能保证你周边的欣欣向荣的景象会一直持续下去。为了以后的生存，女人有必要培养自己吃苦耐劳的好性格。这样，当生活发生变故，你也不至于在这个社会无法生存。

《大长今》是前些年热播的一个励志电视剧，看过这个片子的人，对里面的女主角大长今肯定印象特别深刻。在故事中，长今经历了人生的很多变故，但是最后她成功了，靠的是什么？她的优势就在于她吃苦耐劳的性格。

在济州岛，长今正式拜张德为老师学习医术，她希望医术学成之后有机会重回宫廷。张德要求严格，长今不分昼夜苦读医书。她常常到一个寒冷的山洞里，借着一个布偶，苦苦研读关于穴道的医书。

长今把吃苦当挑战，以致闵政浩向中宗皇帝说出了这样的一番话："微臣真心爱慕医女长今，因为她是女人，更重要的是这个女人在学医术的过程中，所表现的坚韧意志以及她吃苦受难的精神，都让微臣倾心，更尊重和爱慕她。"

唐朝黄檗禅师《上堂开示颂》有句话叫做："不经一番寒彻骨，哪得梅花扑鼻香。"这句朴实的诗句告诉我们，任何人都不会随随便便就能成功，吃苦耐劳是成功的秘诀。那些肯于吃苦的女人，不会把生活中的苦当成是苦，在遇到挫折时也能积极进取。而那些怕吃苦的女人，不但难以养成积极进取的精神，遇到问题第一反应就是逃避，这样的女人当然就很难成功了。认识到了这个道理，每个想成功的女人都要自觉培养自己吃苦耐劳的好性格。

女人做事要有专注的好性格

专注是一种极其宝贵的精神与性格。有句古训说：欲多则心散，心散则志衰，志衰则思不达。

上海盛大网络有限公司总裁陈天桥说：“抵制住诱惑，不做比做要难多了。”但是这个世界的诱惑太多，专注是女人身上稀缺的元素。女人比男人感性，耳根也比男人更软，更禁不起诱惑。如果女人要想有所成就，务必具备专注的好性格。

专注的女人是美丽的，因为专注某个事业或者某件事情，你就不会对一些鸡毛蒜皮的小事斤斤计较，你就会跳出生活圈子的烦琐，能用一颗包容的心去看待生活。而在别人眼里十分不起眼的事情，可能因为你的专注而让它展现异样的光彩。

张茵是2006年最为热门的话题人物。2006年10月，随着胡润中国百富榜的公布，张茵成为中国第一位女首富。张茵作为玖龙造纸有限公司董事长，身价270亿元，财富超过第二名70亿元之多。

在张茵27岁选择职场生涯的时候，她放弃了50万港币的优厚年薪，怀揣着3万元人民币去开创自己的事业。当时，一般的女孩子都不会喜欢经营废纸这个业务，但是张茵坚定地选择了这个行业，并倾注了自己所有的时间和精力。有人问张茵，她有了财富的积累后，有很多机会去其他领域发展，比如说地产、金融，但是这些年她为什么一直没有涉及其他行业时，张茵毫不犹豫地说，“我的个性比较单一，觉得一个人要熟一行做一行，不可能在所有行业都是最成功的人。因为我看到造纸行业未来的发展前景，觉得专注这个行业一定会有回报。”

张茵的专注成就了她的事业。从超市拾废纸箱，这不是一般人眼里的成功人士干的事情，但是这样不起眼甚至有点卑微的事情，当你专注到能做到收购全球大部分大型超市的废纸箱时，你就垄断了世界可再生纸原料的重要来源。张茵用自己成功的经历证明了专注的力量。

专注是一种良好的性格，但是生活中事情很多，吃穿住行，柴米油盐，任何一桩烦心事都会让你很难平心静气地专注做某件事情。生活的现实与残酷，各种光怪陆离的诱惑，有时让女人很难勇往直前地专注于某一件具体的事情。专注是一种境界，是一种良好的修养，也是一个人难得的好性格。活跃于商界的企业家，并不是在所有领域都做得很成功，绝大部分都是在某个特定的领域做到了领先，成了某个领域的专家。

商界怪才史玉柱在很多场合都说过一个理念：聚焦、聚焦、再聚焦。用他的话来说，做的事情尽可能少，做的产品也要越少越好。

“10年来我分阶段做了3件事，保健品、投资银行业、网络游戏，成功一件再做一件。”史玉柱概括自己东山再起之后的历程时说。在国内保健品同业的前五位中，基本都拥有10款以上的产品，唯独巨人只做一款产品：脑白金；这款产品成功5年之后，史玉柱才做了第二款产品：黄金搭档。史玉柱说:“这样做的结果是什么呢?现在脑白金和黄金搭档是国内3000个保健品产品中的第一名和第二名,销售额比行业第三名、第四名、第五名之和还多。”

后来再进行投资时,史玉柱只投资上市和即将上市的银行,这使他投入几亿元却赚了一百多亿元。后来,史玉柱开始涉足网络游戏。

史玉柱有过失败的教训,回忆起自己的创业,史玉柱对专注的力量很是感慨:“我经历了那么沉痛的多元化惨败,只能聚焦再聚焦了,这样的话失败的概率就会少,这是我的原则。”

对于史玉柱来说,专注既是他成功的经验,也是他失败的教训。对于干事业来说,难也专注,成也专注。在世事喧腾和红尘滚滚中静下心来,专注于某一事业,成就于某一天地,这样的人拥有的是大智慧。

专注于某一项事业或者某一件事情,你就要真心热爱它,只有真爱,才能真专,才能在各种风潮与时尚面前坚定信念。女人天生就是时尚家,是天生的博爱家,太容易被潮流所左右,喜欢跟着潮流走,也太容易被诱惑所吸引,因为这样既安全又省心,但是这样做其实也最冒险,因为你几乎丧失了所有成功的可能性。专注不一定成功,但是你不专注肯定不能成功。

任何一件事情都是有理由的,面对诱惑,女人很容易会给自己编造很多两全其美、多全齐美的理由与设想,觉得那样是保险与完美的。但是当你的竞争对手比你更专注时,你就可能会在竞争中处于劣势。如果想在一生中有所建树,你就必须专注于自己的专长,勇于舍弃那些看似美好、其实是鸡肋的目标。因此,专注的好性格也意味着一种胆识与魄力,你要敢于舍弃,敢于为了有所为而有所不为。

我们拥有的时间不是无限的,我们能做的事情也不是无限的,对于女人来说,一定要结合自身的优势,让自己专注起来。一心一意学一个专业,一心一意爱一个人，一心一意做成一个事业，一心一意培养一个兴趣，拥有了专注的性格，幸福的人生也就离自己更近了。

有创新性格的女人更出色

创新是人类永恒的主题，是人类生存与发展最宝贵的精神素质。在新的历史条件下，创新受到了人们空前的推崇。

对于女人来说，勇于创新的好性格能使人勇敢，充满朝气和活力，具有开拓进取的精神。

海尔地产董事长兼CEO卢铿对于创新曾发表过他的看法：“创新是一种生存意识，有此意识才会有所行动。创新是一种竞争才能，胜与负往往决定于此。创新是一种特殊智慧，不是所有的人都拥有它。创新可以化腐朽为神奇，可以变梦幻为现实，可以使不可能成为可能。”卢铿说的是创新对于企业的积极作用，同时，创新对于个人人生的成败来说，也具有至关重要的作用。

很多时候，我们回避创新，甚至把自己归结为天生没有创新意识与能力的人，那其实是一种对自己很不负责任的想法。尤其是女人，由于天性中存有的惰性，总认为自己的创新意识不如男人，不如别人。有些女人挑选工作时，宁愿挑选那些重复性、技术含量低、不需要动脑、不需要创新的工作。其实，这样也就把自己挡在了进步的大门之外。

人们经常把创新想象成一项高深、神秘、复杂的工程，这样的想法很容易阻碍人们思路的拓展。而很多伟大的创新往往是十分简单的，可能你换个思路和角度去看同一个问题，你的想法就是创新了。

多年前，有一家酒店的电梯不够用，打算增加一部。于是，酒店经理请来了建筑师和工程师研究如何增设新的电梯。他们一致认为，最好的办法是每层楼打个大洞，直接安装新电梯。方案定下来之后，两位专家坐在酒店前厅面谈工程计划。他们的谈话被一位正在扫地的清洁工听到了。

清洁工对他们说：“每层楼都打个大洞，肯定会尘土飞扬，弄得乱七八糟。”工程师瞥了清洁工一眼说：“那是难免的。”清洁工又说：“我看，动工时最好把酒店关闭些日子。”工程师说：“那可不行，关闭一段时间，别人还以为酒店倒闭了呢。再说，那也影响收益呀。”“我要是你们，”清洁工不经意地说，“我就会把电梯装在楼的外面。”工程师和建筑师听了这话，相视片刻，不约而同地为清洁工的这一想法叫绝。于是，便有了近代建筑史上的伟大变革——把电梯装在楼外。

把电梯装在楼外的想法，竟然是出自一个清洁工之口。然而仔细想想，电梯装在酒店内部会造成尘土飞扬，但是当电梯装在楼外时，酒店内部尘土飞扬的情况不就避免了吗？思索一下这一想法的逻辑，这一伟大变革的思路是多么的简单。所以，不要把创新想象成遥不可及的东西，很多时候只要你稍微转变一下思考的方式，困扰已久的问题可能就迎刃而解了。

但是，话又说回来，无论在什么领域，真正的创新是很困难的。但是，正如成功不是很容易的事情一样，当你真正突破了，找到了创新的方法时，展现在你面前的就是一片海阔天空的场景了。

荣获“2007 年度女性人物”的马尔可夫因为自己独创的 VH 巧克力而成就了自己的人生与事业。

一天，当卡特里娜·马尔可夫（Katrina Markoff）在厨房里尝试调制不同寻常的混合口味时，突然来了灵感：要创造一种全新口味的巧克力。她把巧克力、椰汁和咖喱混合在一起，创造出了一批味道绝妙的巧克力软糖，以至于让她决定经营自己的生意：VH 巧克力店（Vosges - Haut Chocolat）。

马尔可夫 1998 年就开始做特别巧克力生意。在此之前，出于对烹调的热爱，她进入巴黎蓝飘带餐饮管理及烹饪艺术学校（Le Cordon Bleu）学习，在那里，她发现自己最热衷的其实是尝试各种新的混合口味。后来，在一个烹饪导师的建议下，她开始周游各国，以学习拓展对于味道的想象力。在周游各国之后，马尔可夫发现“在第三世界国家，食物、人和土地之间的联系比美国更密切。”于是，VH 巧克力店经营的核心也定于人们和社区之间的联系。她说：“这可不仅仅是用巧克力来制作吸引人的风味食品，而是通过巧克力这个媒介讲述不同文化、艺术、潮流或者信仰的故事。”

马尔可夫获得了成功，她将公司的成功归结为一个乐于接受变革需要的团队。她说：“我有一支强有力的管理团队，他们乐于接受变革的需要，保持创新性和新锐意识肯定是有挑战性的，但同时也令人兴奋。这就是很多人想在这里工作的原因——因为这里很令人兴奋，每个人都有创造变化的能力。”

伟大的思想家巴尔塔沙·葛拉西安的《智慧书》里有这么一段话：利用你的新颖之处，只要你不断地创新，人们就会敬重你，新奇感变化无穷，它能使人愉悦，令人耳目一新。比起一位初来乍到的平庸之人能获得更多的好评。新奇所带来的荣耀不会持续长久。几天之后，人们将失去对你的尊重，一旦人们对新奇事物的热情降温，激情就会变冷，快乐也就会变为恼怒。这段话并不一定见得完全正确，但是它至少表明了两个道理：一是要创新，因为创新能给自己带来尊重，给别人带来愉悦。二是要不断创新，否则激情变冷，快乐也变成了恼怒。

创新没有止境。它不只属于过去，也不只属于别人，它属于现在，属于我们每个人。作为和男人共顶一片天的女人，要积极思考，勤于钻研，让自己拥有创新的好性格，使自己成为创新之人，让此刻成为创新之时，让此地成为创新之地，这样自己的人生才会焕发出耀眼的光芒。

特立独行的性格让女人脱颖而出

特立独行是一种人生态度，也是一种稀有而难得的性格特质。王小波有一篇很有名的杂文，题目叫做《一只特立独行的猪》。这篇文章中这只猪的特立独行代表了一种极其可贵的美德——独立精神。王小波在结尾时写道："我倒见过很多想要设置别人生活的人，还有对被设置的生活安之若素的人。因为这个缘故，我一直怀念这只特立独行的猪。"

从众是容易而安全的，特立独行意味着冒险与孤独。但是特立独行却代表着一种真实，一种对自我的完美保持。当大家都从众的时候，你习惯性的特立独行就很容易被人区分开来。特立独行的表现可能与众不同，但是绝不代表着另类。

女人特别喜欢从众，在穿着上爱赶时髦，在观点与行为上，容易受同伴判断的影响，喜欢和同伴保持一致。很多时候，她们内心未必认同同伴的判断，但是因为受到大多数人的观点影响和面对团体的压力，她们很容易选择表面上的迎合与赞同。生活中，要使一个人相信并坚持自己的判断不容易，因为每个人内心深处都没有足够的安全感，我们要寻求认同，这些都可以理解，在很多时候，这也不失为一种避免犯错的方法。但是，如果过分寻求苟同，我们就会失去创造力。

现在社会竞争激烈，绝大部分的人都在同质化产品上比拼价格，挤压产品的利润空间，甚至连学术论文都出现相互抄袭的现象。对于这种现象大家似乎已经司空见惯，但同时，还有一些事业、生活和爱情上的佼佼者，他们凭借着自己特立独行的性格，凭借着自身勇于冒险的独特气质克服了前进道路上的障碍。

现在电脑已经十分普及了，但是在许多年前，电脑还是一个庞然大物。四十多年前，世界第二大电脑公司——数字设备公司的创建人和首席执行官奥尔森曾断言没有一个人在家里需要电脑。然而，1976 年，21 岁的乔布斯(Steve Jobs)创建了苹果公司，并首先提出了普及个人电脑的理念。这样的想法在当时可谓另类。然而苹果电脑却出人意料地在此后的 10 年里占领了世界上 8% 以上的市场份额。也正是在苹果公司吃下了个人电脑的“第一只螃蟹”之后，IBM 才开始意识到个人电脑的市场潜力，才出现了后来的康柏等个人电脑品牌。

苹果公司一直将特立独行作为公司产品的创新点。1984 年，苹果公司推出了开创个人电脑历史新篇的新机型：配有鼠标的“Macintosh”。Macintosh 历史性地改变了计算机原有的人机对话系统，将冰冷的光标和毫无人情味的英文指令变成了一张微笑的人脸和可以用鼠标进行轻松操作的现代图形界面。这一历史性的变革使苹果电脑风靡世界个人电脑市场。直到现在，虽然电脑市场竞争激烈，苹果电脑立足于高精度制图电脑的研发，在制图领域，苹果电脑有着无可比拟的优势。

苹果公司凭着自身的特立独行挖掘出了市场新的增长点，这是苹果公司成功的秘诀。对于女性来说，在这个大众化、同质化严重的社会，如果你想在一个群体中脱颖而出，不具备特立独行的性格是行不通的。

在现实生活中，模式化的生活态度减弱了女人生活的激情，随大流的生活态度使我们丧失了创新的动力，与此同时，长时间这种随大流的作风会让女人的思想观念日渐庸俗化。今天的社会，从众泛滥，特立独行因为其稀少而受到人们的热捧与崇尚。想脱颖而出的女人，停止复制与跟随的行动，让自己拥有特立独行的性格吧。

性格沉稳的女人行事稳重

行事沉稳的性格能让一个女人在遇到任何突发事件时不至于惊慌。这样一种成熟的心理与处事方略，往往能让人在绝境中找到希望，在顺境中看到危机，并且未雨绸缪。

女人是天生的幻想家，每个女人的内心深处都埋藏着几个浪漫而美好的梦。这种美好的期望是好的，它能给你一个方向，给你一个目标让你去追求。但是在追求的过程中，很多女人却渴望能跨越式前进，能幸运地跳跃那些路上的艰难。这种投机的心理，很容易让女人在面对现实的残酷时选择逃避。一位名人曾经说过："一个人的性格犹如一条线，而人身上的优点，就像一颗颗珍珠。良好的性格会将珍珠串成一串美丽的项链；而一条脆弱的线，会使珍珠散落在地，失去价值。”对于想成功的女人来说，就要有稳重的性格，让自己稳重行事，只有这样才能离成功更近些。

诸葛亮是历史上有名的人物。在戏剧和图画中，诸葛亮总是身披八卦衣，手持鹅毛扇，一副运筹帷幄、决胜千里的姿态。但是，关于鹅毛扇其实还有一个与行事沉稳有关的故事。

诸葛亮的妻子黄氏，是历史上有名的丑女。她发黄面黑，长得很难看，附近的青年男子都不愿意娶她。但是黄氏颇有才华，品德极佳。与一般的男人重色不一样，诸葛亮重才轻色，去向黄氏的父亲求亲，和黄氏结了婚。

诸葛亮自从得到黄氏这位贤内助后，受益匪浅，后来挂印封侯，成就伟业，莫不得力于黄氏内助。有一天，黄氏对诸葛亮说：“你与家父畅谈天下大事时，我发现当你说到胸中的大志，就气宇轩昂；谈到刘备先生想请你出山，就眉飞色舞；一讲到曹操，就眉头深锁；一提到孙权，就忧戚于心。大丈夫做事情一定要沉得住气，我送你这把扇子就是给你用来遮面的。”

诸葛亮拿起鹅毛扇一摇，头脑很快就冷静下来。因此，诸葛亮离开草庐后，一直身不离八卦衣，手不离鹅毛扇。原来，“遮面”的意思是说先要沉得住气，然后才能处之泰然、保持冷静。

行事沉稳这种优秀的性格不是与生俱来的，那些行事沉稳的人也并不是一开始就如此，它是在你不断地对自己提醒的过程中渐渐培养起来的。诸葛亮的沉稳性格离不开自身的修养与黄氏的监督。

相比较男人，社会对女人比较宽容些。女人遇到困难时可以发脾气、撒娇甚至哭泣，这被有些人说成是自然、真诚。其实，这样的说法是对女人的纵容，人可以控制自己的情绪，可以沉稳行事，并且也应该沉稳行事。

2006 年，77 岁的法拉奇去世了。但是，她的名字在中国可以算是家喻户晓。

这样一个行事沉稳的女人，童年时父亲说的一番话对她影响特别大。法拉奇7岁的时候，因为一件事，爸爸打了她一顿，她蹲在墙角哭泣。爸爸走过去对她说了这样一番话："孩子，如果爸爸打的是对的，哭有什么意义？哭是表示委屈吗？不，你应该去研究一下为什么挨打，以后如何不再被打。如果爸爸打的是错的，哭有什么意义？哭是表示不敢辩解吗？那你就告诉爸爸打错了，免得以后又错打了你。"

法拉奇7岁的时候就了解到，哭是一种无奈，是一种无助，并不能解决问题。因此，从此以后，她都不再哭泣。这番话成就了一个"女孩不哭"的传奇，也记录在她的传记里。

世界上很多成功者都是性格沉稳的人，性格沉稳意味着你可以控制自己的情绪，抑制自己的悲伤、抑郁与绝望，让自己的心情处于一种健康积极的状态。每个人的一生都会经历些波浪与起伏，你只有做到胜不骄败不馁，沉稳面对人生的每次考验，才能驾驭自己的人生。

{Chapter 8}

好性格，好婚姻：两性和谐相处的性格密码

性格影响着每个人的爱情观和婚姻观，性格相投的两个人，在相处的过程中会减少很多摩擦、争执、猜疑等。恋爱、婚姻是一门两性相处的艺术，恋爱时的交往可以强调个性，注重感觉，在对方的眼里，倔强和固执都是一种美，而在现实的婚姻生活中，则需要理性对待，需要不断完善自己的性格，才能与对方和谐相处。从恋爱走入婚姻，美好的爱情除了身体的吸引，更多是个性的融洽。在婚姻中，没有完美的组合，因此女人要了解婚姻中的多种性格的优缺点，尽量去调整自己的态度和行为，使婚姻和谐美满。

破译婚姻不同结局的性格密码

性格决定婚姻的结局，决定了幸福的指数、婚姻的长度。女人婚姻的不同结局来源于彼此性格的相合度、匹配度。

婚姻对女人而言是什么？是一种理解、一种交流、一种相守、一种性格的互补、一种经时间磨砺而成的坚韧、一种与爱人共同承受人生风雨的漫长历程。长久的婚姻需要女人去包容对方的性格、理解对方的内心、尊重对方的习惯，让彼此的棱角在碰撞和磨砺中相互适应，真正成为性格相合、情投意合的伴侣。

青桦的丈夫事业正处在上升期，平时喝酒、应酬那是少不了的，作为妻子，青桦不管有事或没事，总是一天到晚不断地打电话给丈夫，就算丈夫在开会、开车时，也一样烦他，给他造成各种善意的骚扰，最终丈夫因无法忍受青桦的行为，无奈地结束了婚姻。

同样，萍雯的丈夫也是事业有成、应酬不断，但萍雯会在丈夫傍晚还没回家时，给他一个电话说："是不是喝了酒啊？不要急，喝了酒就要小心开车。孩子我已哄睡了，你忙吧，我在家等你回来，再见！"当丈夫晚上一进家门，萍雯又是帮他脱鞋，又是放热水让他洗澡。这样的生活，让丈夫根本离不开萍雯，只想如何才能抽出更多的时间来陪妻子和孩子。

其实，青桦和萍雯都是好女人，对丈夫也都关心，她们婚姻的不同结局只源自她们的性格和丈夫合不合得来。婚姻，最在乎的就是彼此的性格是不是合适，找到一个性格与自己合得来的伴侣，跟找到一个性格与自己合不来的伴侣，两者结果的差异有天壤之别。

热恋中的男女常常所表现出来的性格让彼此很难分辨，许多性格中不和谐的部分都给隐藏起来了，而只是尽情畅想着美好的未来。于是，这便给婚姻埋下了诸多不确定的性格因素。

敏华丈夫的工作、职称都是敏华一手前前后后找关系疏通弄好的，看到丈夫做到了银行行长的位置，敏华就心有不快了，四处找朋友诉苦。朋友问敏华是怎么恋爱结婚的，是丈夫追敏华还是敏华追丈夫。敏华说，是她父母和他父母同为教师关系，她年龄还小时丈夫已经是大学学生，经常来敏华家辅导敏华功课，丈夫长得一表人才、彬彬有礼，敏华父母后来就动了心，等到敏华大学毕业后两家就成了亲家。开始丈夫对敏华如天上星星，爱得不得了。然而随着时间的推移，敏华对丈夫是越来越不放心了。敏华丈夫性情开朗又喜欢社会活动，男女同事没有和他关系不融洽的。丈夫下班时有时就开车顺路送女同事回家，敏华看到了醋意大发，觉得丈夫不注意男女有别。这样，她们婚姻围城中的性格战争就拉开了序幕。

一天，丈夫带两个女同事一同到家里来看新买的家具，正好敏华有事要回家，便看到了他们三个人在家里吃饭，敏华当时就忍不住质问丈夫为何带她们回家，和丈夫吵起来了，甚至闹到了两家父母那里和丈夫单位，让丈夫在单位十分尴尬，流言蜚语非常多。这样过了不久，敏华还是和丈夫争论不休，忍无可忍的丈夫只好提出了离婚，直感叹说没想到敏华是这样心如针尖的女人，当初恋爱时看走了眼。

敏华和丈夫的婚姻窘状就是性格冲突造成的，试想一个开朗外向、爱好交际的男人如何和一个心如针尖、爱猜疑的女人生活在同一个房间内？难道走进了围城就一定要掐断朋友之情？难道丈夫就一定不能有几个红颜知己、知心朋友？其实，敏华丈夫根本就没做什么伤风败俗之事，只不过性格外向、爱好交朋友罢了。如果敏华的性格能大度一些，热情对待丈夫的朋友，走进丈夫的生活圈，或许任何事都不会发生，也不至于让一段感情如此告终。

婚姻的结局如何，说到底就取决于两个人的性格。性格合得来，那就幸福、长久，恩恩爱爱；性格合不来，那就可悲、可叹，终日不宁。真正性格合得来的夫妻能"执子之手，与子偕老"，可以风雨同舟，时刻甜蜜，牵手度过种种人生考验。女人若希望婚姻和谐、家庭美满，最好是要锤炼自己的性格，做到以和为贵、大度宽容，用中庸之道处世。好性格的女人能包容和接纳对方性格的缺点，收获好情缘，创造围城的幸福生活。

善解人意的性格让男人怦然心动

善解人意是女人成为好妻子绝对不可或缺的性格，能让自己的婚姻生活十分甜蜜，让丈夫将自己视为今生无悔的挚爱！

善解人意的妻子知道，丈夫身为男人，就要顶天立地，所以在丈夫为事业奔波、为家庭创造坚实后盾时，她不会一味抱怨丈夫不顾家，她深知，好男人就应该像翱翔的雄鹰般志在四方，把世界当成他施展才华的舞台，而自己应该在丈夫累了回家时，让他充分享受到婚姻的幸福、家的温暖，激发他飞翔的动力。

善解人意的妻子知道丈夫既刚强又很脆弱，把荣誉和面子看得比生命还重，因此，她深知丈夫的心灵中有哪些禁区是自己要小心不去碰触的。对这样的妻子，丈夫并不会因她的谦让而得寸进尺，反而会对她心存感激，感谢她走进自己的生活，感谢她愿意成为自己的另一半，感谢她时时刻刻惦记自己，感谢她愿意和自己同舟共济……

周秉钧是著名新闻主播、凤凰卫视资讯台副台长吴小莉的丈夫，金融界人士，从事私募股权投资。周秉钧常用“每天像奥运比赛”来形容妻子的工作，他说，除《时事直通车》有一个很成熟的团队在做之外，《问答神州》《小莉看世界》这两个栏目，吴小莉基本上是一揽子干到底。周秉钧说，跟众多的香港新闻界从业人员一样，小莉的工作始终处于一种紧张、忙碌的状态，周一到周五要是不出差，一般从午后开始忙碌，整理信息，采访重要人物，录影、录音，一直到夜里 10 点左右才能下班回家。如果遇上特殊事件，随时出发去工作。对于妻子的工作，周秉钧表示很能理解，他说，小莉每天要出现在荧屏前，好坏大家都看着，那就意味着不能有一天的偷懒。

说到家庭，周秉钧说：“我们是很普通的小家庭，对生活要求不高，过得挺简单，所以不累。在荧屏上，小莉对话政要名人，剖析政治风云，感受全球脉动；回到家后，妆容洗尽，就是一个善解人意的妻子、媳妇和妈妈，在家时，我们都到同在一个小区的父母家‘蹭饭’。我们是三代同堂的家庭，这一点，我们感觉很幸福。虽然小莉工作很忙，但善解人意的她总是觉得抱歉，对家的照顾太少了，对我的照顾太少了，对女儿的照顾太少了，所以，周末她都尽量不出差，不安排工作，还常常为我的工作考虑，为我收集信息。每次想到妻子那么忙，还总是想到我，我就觉得能娶到这样一个妻子真的很幸福。”

吴小莉的善解人意、凡事想着丈夫，是让丈夫周秉钧最动容的地方，如同雨中送伞、雪中送炭，让人心存感激，更加爱她。

李敖曾评论性格善解人意的女人是“真正够标准的女人，她聪明，柔美，清秀，妩媚，有深度，体贴自己心爱的人，她的可爱是毫不嚣张的，她像空谷幽兰，只是不容易被发现而已。当你发现了这种女人，你才知道她多么动人，一通电话，她使你魂牵；一封来信，她使你梦萦。在大千世界里，两情神驰。”

性格善解人意的女人并不认为自己在丈夫心中有多么高贵，她总是以一颗善良的心面对周围的一切，按自己的本分做自己的事情：让自己的小家无论什么时候都干净整洁，让所有的家具、摆设都纤尘不染，让一日三餐变化出无穷的花样，让丈夫和儿女一年四季总是穿戴得干干净净、整整齐齐。

面对善解人意的妻子，丈夫会由衷地发现，只有凡事替他着想的妻子才是家庭的港湾，是自己休憩心灵的地方，在人生的道路上，在茫茫人海、千千万万人之中能遇到妻子，是多么难得，一定要尽全力让妻子幸福一生。

女人，别让性格毁了你的婚姻

一个好女人有责任为婚姻营造一个温馨美满的环境，珍惜两个人共同的家，所以千万别让性格毁了这一切。

女人的婚姻幸福与否事实上一开始就注定了，这不是宿命，而是性格决定了你婚姻的命运。当最初的热恋激情褪去，在数载柴米油盐现实生活的磨合下，两个人性格到底合不合，便逐渐浮出水面，演绎出婚姻中的种种结局。

世界之大，形形色色、性格迥异的女人比比皆是，但在婚姻生活中，若双方性格不合，就会发生矛盾，直接影响婚姻质量、和谐度。所以，女人有什么样的性格特质就会有什么样的婚姻，千万别让你的性格毁了婚姻，一定要警惕以下几种性格对婚姻的不利影响。

1. 多疑、猜忌

女人天生多疑、敏感，末梢神经发达、想象丰富、思维细腻，因此，在婚姻中，对丈夫也相当敏感：为什么不接电话？为什么不回短信？为什么没有按时回家？为什么无故迟到？为什么衣服上有长头发？为什么裤兜里有消费券……对于种种状况的猜测当然毋庸置疑，但凡事要有个度。若过于多疑、过于猜忌，整天疑神疑鬼、没事找事，随时准备打翻醋坛子，限制丈夫和其他女人的正常交往，甚至浮想联翩、无中生有，每日非得对丈夫的公文包、手机、衣服口袋等进行例行检查不可，这就不好了。长此以往，势必会给丈夫造成额外的压力和负担，让他惶惶不安，导致婚姻亮红灯。

2. 躁狂、无常

都说女人是情绪化动物，是性情中人，但若女人过于情绪化、典型的神经质、性格极度不稳定，喜则心情舒畅、开怀大笑，怒则歇斯底里、杏目圆睁，悲则无法抑制、号啕大哭，这一定会让丈夫神经错乱的，每天小心翼翼地生活，生怕因一丝差错引来狂风暴雨般的责骂。跟这种性格的女人做夫妻，男人要随时加倍小心，完全以她为中心，提防她闹出失控局面，长期下去，哪个丈夫愿意回家？

3. 滥情、随便

人说女人天生多情，但若走向极端，处处留情、移情别恋、水性杨花，就万万要不得了。跟这样的妻子在一起，男人时刻提心吊胆，生怕不知什么时候“绿帽子”就上身了。如此下去，婚姻的破裂也就是迟早的事。

4. 满腹牢骚、啰唆

女人的语言能力天生就比较强，所以，女人生来爱唠叨。但若女人整天喋喋不休，“牢骚满腹愁断肠”，总有生不完的气、撒不完的怨，拿丈夫当出气筒，用生活中的不顺折磨自己，也折磨丈夫，使全家终日生活在痛苦不堪之中。那丈夫除了忍无可忍地分手了断外，还有别的解脱良策吗?

5. 野蛮、粗暴

时下，野蛮妻子似乎是潮流所向，野蛮之火也越烧越烈，这类性格的妻子多是女权主义者，以自我为中心，在她眼里，丈夫要一切行动听指挥，不能提出任何置疑。鲁迅说过“不在沉默中爆发，就在沉默中灭亡”，不管是哪种结局，这样的婚姻都是不能长久的。

6. 无知、愚蠢

女人若天资不足、智慧有限也就罢了，若又不积极进取以便与丈夫保持一致、共同进步，那就麻烦了。哪个男人不希望自己背后的是个能扶持自己走向成功的聪明女人？哪个男人愿意找个无能愚蠢、没法沟通的女人做妻子？这种婚姻的结局，不言自明。

7. 懒惰、虚荣

丈夫的共识是妻子可以不漂亮，但不可以懒惰。手脚勤快是丈夫对妻子的基本要求，终日无所事事、家里一团乱麻、衣服脏乱不堪的懒惰女人是男人最怕的。女人比男人虚荣，是不争的事实。但若女人过分虚荣，给丈夫提出太多、太高的要求，打牌、搓麻、炒股、乱投资样样来，则会给丈夫造成过重的负担，丈夫也会因随时担心负债、不堪负重而临阵脱逃。

8. 拜金、贪婪

拜金主义性格的女人一切以物质为中心，花钱如流水，贪得无厌，将爱情建立在获取金钱的基础上，将婚姻视之为得到物质的跳板。和这种性格的女人做夫妻，男人即使有金山银山，也有被挖光、吃空的一天，人财两空、倾家荡产、婚姻破裂更是预料之中的局面。

9. 优柔寡断、无主见

这类性格的女人一遇到大事或急事，就会手忙脚乱、手足无措，不知该干什么，也不知该怎么干，完全没有自己的主意，全依赖丈夫作出决策。做这种性格女人的丈夫注定你照顾她，从心理到身体，像照顾小孩一样照顾她。长期下去，丈夫将不堪精神、体力的重负，而觉得厌烦、身心疲惫，这样的婚姻如何会幸福长久呢？

10. 冷漠、绝情

冷血无情、不孝敬老人、不尊重老公是这种性格女人的特质。不愿生孩子，因为怕拖累、太累人；不想走亲戚，因为怕伤脑筋、太麻烦；不愿照顾老人，因为怕影响自己、太辛苦。动不动翻脸不认人、报复心强、对生活没有热情更是这类女人的一贯作风。若终日面对冷若冰霜、郁郁寡欢、对自己毫不关心、毫无赞赏、毫无抚慰的妻子，试问哪个丈夫愿意回家呢？

常言道："幸福的家庭总是相似的，不幸的家庭则各有不同。"而这不幸的根源就来自两人的性格。上述这些性格，就最容易造成女人不幸的婚姻，所以女人千万别让自己的性格毁了婚姻，要经常自省、深思，到底自己的婚姻存在什么样的问题，应如何改善以创造令人艳羡的家庭。

性格互补，寻找美好婚姻

和丈夫性格互补的女人看丈夫时就像在照镜子，可以鲜明地看出自己的不同、不足，如此便可以不断完善自己的性格，开启通往幸福婚姻的大门。

常言道“不是冤家不聚头”，生活中我们常常看到两个性格完全不同的人却组成一个幸福、美满的家庭。事实上，女性婚姻心理研究表明，心理健全的女人会对伴侣性格的差异性感到重要，因为这种差异性有助于让其自身性格趋于安定和成熟。例如，一个性格压抑的女人遇到不顺时，常会萎靡不振、退缩不前，但若在一个性格豪放的丈夫的激励下，常能重整旗鼓；而当性格豪放的丈夫遇到挫折时，常会漫无头绪、无从下手，这时性格压抑的女人便能用逻辑思维有条有理地帮他善后。这种互补的性格搭配有助于实现两个人的整合统一，释放各自受桎梏的心灵，逐渐发展成较成熟、完整的性格，构建幸福、美好的婚姻。

当然，婚姻中性格的互补也是需要以两人相同的价值观、人生观以及生活习惯为基础的，否则，互补就成了相反，是万万要不得的。与丈夫性格互补的女人多能维持长久的婚姻，因为她能不断从丈夫身上发现自己没有的优点，互相帮助、取长补短、共同为创造和谐美满的家庭而努力。

梅欣和先生拥有共同的事业，梅欣是小学老师，丈夫是大学教师。梅欣是一个爱激动、爱流泪的善良女人，丈夫是一个坚强、刚毅、有泪不轻弹的男人。因两人学历的差别、性格的差异，使得两人婚后在处理问题上的方式完全不同，表现尤其明显的就是教育孩子的问题。梅欣喜欢和儿子做朋友，拉家常，而丈夫有正事说事，无正事不多搭话。梅欣常说丈夫管教太严，丈夫则觉得梅欣过于宽松。

尽管如此，梅欣还是喜欢丈夫一脸严肃有才气，丈夫也爱梅欣满脸慈祥没脾气。梅欣儿子从小学习不让人操心，没有因为学习挨过批评，只有一次因贪玩挨打了。一个星期天下午，儿子说到楼下玩一会儿，丈夫规定了回来的时间，到时间后，不见儿子回来，丈夫就到楼下去找，可能是游戏机太有诱惑力了，所以儿子到了时间都没记得回来。说话算话的丈夫在找到儿子以后，狠狠地教训了他一顿，既因为儿子的不守时，又因为他的贪玩。丈夫打儿子，梅欣从不阻拦，认为一人打、一人拦，毫无教育效果，事后梅欣推心置腹地给儿子解释许多，告诫儿子不要玩物丧志。

虽然在教育孩子等事情上梅欣和丈夫存在诸多分歧，但这些并没有妨碍两人的婚姻，一家三口仍是伴着书香幸福地生活着。

如果女人和丈夫没有性格的差异和互补，就不会表现出婚姻的多样性，家庭生活也会变得单调。正所谓，相爱容易相处难，女人若想和丈夫长相厮守，就要充分了解自己的性格，并且充分体验、享受丈夫性格中与自己不同的一面，用其长，避其短，学习丈夫的优点，改变和调整自己性格中的不足之处，不断完善自己的性格，让自己成为令人称道的妻子。

最具性格魅力的十种好妻子

魅力非凡的妻子，大多有着良好的性格，也因此征服了丈夫的心，建立

了和睦的家庭。

何为好妻子的魅力？抛开女人靓丽的容颜不说，更深沉的东西便是女人的性格。性格良好的妻子如一阵香气，即使长相一般，也能酝酿出献给自己丈夫的最具魅力的芬芳，感染整个家庭，征服丈夫的心。

花花世界，女人便是其中最美丽的风景，能为生活增添许多不同的味道。无论是温柔似水、慧质兰心、明眸善睐，还是爽朗明快、灵动达理、善解人意，好性格的妻子不仅能成就完美的自己，还能给丈夫带来快乐。看看下面的十种魅力，你属于哪种魅力的妻子呢？

1. 开朗、自信、达观

在时下这个充满竞争的社会，柔弱无助的女人已日渐失去市场。男人们越来越青睐乐观自信的女人，因为她们浑身散发着积极向上的气息，使男人如沐春风，备感意气风发。

丈夫们由衷欣赏这类妻子的自我完善，感叹她们与生俱来的自信乐观不会随年龄的增长而衰退。与这样的妻子共度人生，丈夫也会在快乐中提升自己，实现理想中的完美生活。

2. 柔情似水、贤良淑德

温柔贤惠，是一个女人性格修养的外在表现，是女人无往不利的武器，是女人征服一切的通行证，能融化掉仇恨、冤屈、愤怒等不良情绪。柔情似水的妻子，能平复所有的利益、争吵、斤斤计较，缓解丈夫紧张的心态，滋润丈夫干枯的心灵。

贤良淑德的妻子重情重理，能把孩子、丈夫、老人、家照顾得妥妥当当，是丈夫最大的福气，是全家人的幸福依赖。

3. 纯真、快乐

这类自然、纯真的妻子会因她天性使然而影响丈夫和周围的每个人，她热爱生活、无拘无束，每天都毫无理由地快乐着。丈夫会因为她的快乐而感受到生活的美好、世界的美丽，对未来充满了希望。

4. 自然、质朴

质朴的妻子天真自然、心无杂念，散发着隽永的幽香，用心诠释着对丈夫、家人无私的爱，她们的真情或许仅仅是一碗粗粮，或许是一句平淡却暖心的话。

质朴的妻子，不会矫揉造作地勉强，而是一种顺其自然的随和；也不是精雕细刻的刻意，而是一种返璞归真的深沉，只有能够进她内心的人才能真正了解她。

质朴的妻子，永远保持一种自然的涵养使人心平气和，永远保持一种自然的个性使人坦然接受，永远保持一种深情的态度使人愉快。

质朴的妻子犹如阴霾天空里的一片湛蓝，污浊空气中一股清新的风，让丈夫为她的幽兰气质所吸引。

5. 安详、内敛

性格安详的妻子是一块智慧的美玉、一首绝美的诗歌、一支幽幽的兰花、一曲迷离的筝乐、一杯淡淡的清茶，有着内敛平静的气质，具有富足的心灵世界、丰富的人生阅历，能够洞悉婚姻的真相，了解丈夫的所需，感知丈夫的所想。

内敛的妻子不妄想、不奢求、不消沉、不放弃、不畏缩、不退避，凡事尽力而为，稳重而不失情趣，周身弥漫着淡淡的魅力，让丈夫去体会、想象。

6. 奔放、热情

诚如“你的热情就像一把火，温暖了我的心窝……”所唱的，性格热情、奔放的妻子给丈夫以浓烈而快节奏的感受，能手舞足蹈、笑口常开、神采飞扬地调动起丈夫的激情，有助于丈夫解决工作、生活上的问题，让他体验到生活的阳光，感受到精神的力量。

热情奔放是女人珍贵的性格，像一块磁石，能把丈夫牢牢吸引在身边，无论知识、钱财或势力都比不上它。

7. 豁达、宽容

性格豁达的妻子，坚定真诚、心胸开阔、百折不挠，凡事都能想得开，能坦然面对人生坎坷、世事纷争，不会为鸡毛蒜皮的小事所恼，懂得知足常乐，知道婚姻的艺术源自何处，也珍惜婚姻的美丽赐予。

豁达、宽容的女人能看清是非得失，心态平和地顾全大局，不但能成为男人的妻子，更能成为男人的朋友，让男人笑声不断，整天生活在幸福、快乐之中。

8. 坚韧、顽强

性格坚韧、顽强的女人刚强，做事专一、不会放弃、不屈不挠，像屋檐上的雨滴，具有非凡的穿透力。这类性格的妻子做任何事情都有成功的可能，因为她绝不轻言放弃、意志超群，也能给丈夫带来走向成功的勇气，支持丈夫从逆境中走出来，开创新的天地。

坚韧、顽强的女人热爱生活，用自身的行动展示着一种生命的哲学和精神的美学，使丈夫看清梦想、光阴、生机和道路。男人会深深地折服于她充满弹性和强度的性格力量。

9. 容易满足

容易满足的女人懂得幸福的真正含义。或许远方朋友的一声问候就能让她感动流泪，爱人间一个小小的爱抚就能让她甜蜜动心，一朵小花的盛开就能让她感到生命的灿烂，一片树叶的新生就能让她感到无限温暖……

她对生活的要求亦不高，丈夫一条用心的短信、一个会意的眼神、一次特意烹制的晚饭，或者仅仅是心有灵犀的感觉，都会让她感到很幸福。丈夫也会因为她的欣喜而心生感动，更加疼爱她。

10. 独立、上进

性格独立、上进的女人经济独立，勤奋好学，奋发向上，积极进取，能成为与男人心灵相贴、灵魂共鸣的伴侣，刺激丈夫勇于开拓、不断前进的内在动力。长此以往，在丈夫登上人生制高点后，会由衷地感谢一路扶持自己、鼓励自己的好妻子。

好性格是一种无形的力量，能使女人青春常在、家庭和睦、幸福永远。试问若家中有这样一位性格充满魅力的妻子，哪个男人不会想方设法地将其拴在身边，如何会有婚姻破裂的可能呢？

女人改善性格，少点任性

女人拒绝任性、改善性格，才能拥有成熟的人生和婚姻，畅想无限幸福的可能。

个性是每个女人都有的，但若毫无约束地放任自己的性子就成了任性。任性的妻子往往缺乏理智，说话或办事不计后果，从不考虑丈夫的承受能力，只要不合她的心意，她就发脾气，甚至蛮横不讲道理。

在婚姻生活中，若妻子性格不好，过于任性，就会成为婚姻中的不安定因素，继而影响家庭的和睦。若女人没有及时改善这种性格，任其发展，就会伤害丈夫或家人的感情。长久下去，婚姻的裂痕就会在此出现。因此，女人应控制自己的情绪，改善自己的性格，拒绝任性，摒弃性格中的缺点，为婚姻、家庭营造良好的氛围。

碧华和丈夫是自由恋爱的。碧华的丈夫长得很帅，热爱音乐，而碧华是家里的独女，娇生惯养，认识了帅气的丈夫后，就用尽全力把丈夫追到了。碧华的丈夫很有上进心，结婚后，一心想把他俩的生活搞好，于是，丈夫辞职去当了歌手，还办了个公司，搞促销演出。而碧华自己却自甘堕落，不求上进，光知道打麻将，什么都不顾，孩子也是奶奶照顾。一次，碧华在外面打麻将，从下午打到第二天早晨，都没顾上给孩子喂奶，孩子饿得直哭。对此，丈夫很生气，怪碧华没有负起一个母亲的责任，碧华却觉得丈夫管得太多，坚称孩子有奶奶照顾，是奶奶没给孩子喝牛奶。很快两人的争吵升级为战争，碧华动手打了丈夫，还跑回了娘家。

两个多星期后，丈夫仍然没来接碧华回去，她就觉得不对了。她怀疑丈夫变心了，便急匆匆地跑回家，试图寻找证据。结果，碧华在丈夫书包里发现了他的日记本，在上面说：碧华任性霸道，丝毫没有尽到做妻子的责任，现在遇到一个漂亮、善解人意的女孩，他很喜欢，他希望和这个女孩一起生活。碧华看后愤怒异常，马上跑到丈夫公司，大声呵斥，指责丈夫的行为，还扑上去打了丈夫一个耳光。这件事闹得满城风雨，弄得丈夫越来越躲着碧华。碧华却不停地质问丈夫，甚至去骚扰那个女孩，无奈之下，丈夫只得提出了离婚。

离婚后，碧华带着孩子离开了家，离开了丈夫，远离丈夫的生活让碧华体会到了许多从没体验过的感受，并认识到是自己的性格导致了婚姻的破裂，可惜为时已晚。

碧华的任性性格来自从小娇生惯养的生长环境，只知道接受别人关心，却不知道关心别人，动辄就发大小姐脾气，从不觉得自己有错，错的只在别人。长此下去，丈夫当然无法忍受，离婚也是迟早的事。

女人和恋人由爱情走向婚姻，最重要的就是互相容让、互相关怀、互相体谅，女人若真心爱自己的丈夫，想和他携手终生，就要试着改变自己，加强自身修养，拒绝任性，用一颗宽容、关怀、尊重的心面对丈夫、经营婚姻，把任性、发火克制在萌芽状态。

女人任性的性格是婚姻中的一个毒瘤、隐形炸弹，所以女人要改善自己的性格，彻底铲除这个毒瘤，成为一个努力工作、忠于丈夫、心系儿女、孝敬老人的成熟妻子，获取丈夫的珍爱、子女的敬佩、老人的赞扬、婚姻的稳定。

沉静型性格的女人心态平和，质朴无华

沉静是女人一种优雅的性格，能让女人回归真实的自己，倾听自己的心跳，感受思想的脉动，体味爱情、婚姻的深刻与伟大、隽永和甜蜜。

自古便有“美目盼兮，巧笑倩兮”等来形容女人娇羞可人的感觉，而性格沉静的女人温柔、妩媚、沉稳、柔和、处世间宠辱不惊的性情更是深深打动着男人的心。所有有魅力的女人都懂得适时地沉静，不远不近，恰好落在丈夫的视线里，给他欣赏自己的机会。

性格沉静的女人如玉石，温润厚重，对婚姻有着一种“采菊东篱下”的悠然和“本来无一物，何处惹尘埃”的洒脱，能用一颗平常心在丈夫面前呈现自己最平实、质朴的样子，自然而然地将婚姻中最真挚的魅力释放得淋漓尽致。

对婚姻的稳固程度考验往往在一些微小的细节，从小小的手机的对比，

丈夫便能知道林琳的沉静、质朴和对他坚如磐石的深爱。有这样一个妻子在身边，丈夫能不感动，能不珍惜吗？

性格沉静的女人从不去刻意表白、炫耀什么，她们活着自己的执着，活着自己的单纯，活着别人读不懂的痴醉，活着自己美丽的梦想，这不是淡泊而是沉静，她们能心态平和地面对婚姻中的各种突如其来的危机。

都说“女人能顶半边天”，确实如此，尤其是性格沉静的女人，在婚姻经历生活考验、他人质疑时，她不会成为“绝望的主妇”，而是积极地为丈夫撑腰，为家庭和睦努力。

性格沉静的女人如水，透着灵气，有巍巍大山般的胸怀，始终展现出睿智的一面。她们以勇敢、坚强、感性的品质格外受到丈夫的疼爱与怜惜，让丈夫心甘情愿地被她们的朴实所征服，愿意和她携手走进梦中的伊甸园，共同经历人生的风风雨雨。

温顺型性格的女人以柔克刚，通情达理

性格温顺的女人如一杯醇厚的佳酿，即使外表平淡无奇，但若小酌一口，便觉万般滋味在心头，令人回味无穷。

性格温顺的妻子如和煦的春风，能拂去丈夫心灵的烦恼；性格温顺的妻子如滋润的夏雨，能湿润丈夫心灵的浮沉；性格温顺的妻子如柔韧的丝绸，能减轻丈夫心灵的重负；性格温顺的妻子如明净的秋月，能增添丈夫心灵的

慰藉。

也许男人青春年少时，渴望自己身边有一个时尚十足、新鲜活泼的野蛮女友，但当他逐渐体会到生活的真谛，对女性有了充分认识后，他们便会由衷地希望自己能找到一个温顺、柔美、知冷知热、知轻知重的妻子，能和他一起分享生活的点点滴滴，构建美好的家庭。

梅琳达·盖茨是世界首富比尔·盖茨的夫人，但她却极少抛头露面。梅林达不热衷于打扮购物，但是每年会跋涉几千公里在非洲各地检查"比尔及梅琳达·盖茨基金会"捐款的落实情况。

梅琳达出生于美国达拉斯市一个中产阶级家庭，从小聪慧好学。在获得杜克大学的计算机和经济学双学士学位及杜克商学院的工商管理硕士学位后，精明能干的梅琳达加入了微软公司。梅琳达不仅在软件销售方面表现出卓越的才能，而且还是工作狂，常和盖茨下班后在办公室加班。每天，盖茨从自己的办公室窗口望出去，正好可以看见梅琳达。一次，他终于来到梅琳达的办公室，鼓足勇气对她说："请你永远为我点亮这盏灯！"从此，两人开始正式交往，而办公室就是他们最常约会的地方。两人关系中具有决定性的一刻同样发生在办公室里。有一天，梅琳达鼓起勇气穿了一件特别的T恤来到盖茨的办公室，上面写着"娶我吧，比尔"。终于，两个人在夏威夷的一间教堂里结婚了。

大多数人都认为梅琳达非常幸运，但熟悉盖茨的人都知道，盖茨并不是一个容易相处的人。一位微软高级管理人员曾说："盖茨不善于用语言表达感情。"盖茨非常严肃，同时又充满强烈的好奇心。梅琳达知道丈夫喜欢看书，于是就建了一个家庭图书馆。此外，她还相当注意配合丈夫的爱好和兴趣，两人经常玩猜谜和拼图等智力游戏，参加很多富有挑战性的活动。此外，盖茨的个人卫生习惯实在让人难以忍受，他可以连续几天不洗澡，要是坐飞机出去开会的话，回到家里，身上准散发着一股臭味，但这些梅琳达都忍了下来，所以在盖茨眼里，梅琳达不仅办事干练，更重要的是她具备一个贤妻的特质，盖茨常说："梅琳达像一只温顺的小绵羊，我就爱她这一点。"

梅琳达正是用温顺征服了盖茨的心，温顺的梅琳达通情达理，能扮演好人生中的各种角色，并对其分寸拿捏有度，在工作中能独当一面，在婚姻中能体贴入微，不仅是盖茨工作上的好帮手，更是他生活中的贤内助。如此良妻，怎么会不深得盖茨的心呢？

丈夫最欣赏性格温顺的妻子，因为她身上有永远看不尽的娇羞、永远挥不去的柔情、永远无微不至的体贴，只有和这样的妻子在一起，男人才能充分体会到婚姻中的喜悦和满足，愿意与之分享所有的心情。

三浦友和和山口百惠这对明星夫妻因日本电视剧《血疑》而举世闻名，而他们夫妇的和谐相处也得到了人们的一致推崇。1980 年，三浦友和与山口百惠结束 4 年浪漫的恋爱路程走进了婚礼教堂，从此，日本影坛少了一对万众瞩目的银幕情侣，国民心目中却多了一对幸福的凡夫俗妻。

三浦友和目前依然活跃在日本影视圈，而山口百惠则背负着影迷们眷恋的目光，平静地过着相夫教子的日本传统女性的生活，山口百惠是一个非常温顺的女人，她无怨无悔地回归了家庭。随着这对"银幕情侣"的最佳形象日益巩固，他们的感情也越来越深厚。正是这种爱情，使得山口百惠在事业如日中天的时候，发自内心地表白：我希望自己能平凡地结婚、生孩子，这就是我的梦想。谈到山口百惠如何照顾孩子的生活，三浦友和介绍说，两个孩子的培养基本上都是山口百惠在承担。她十几年如一日，每天早上都按时起来给孩子做饭，接送孩子上学不用说也是她的分内事。

虽然夫妻非常恩爱，但他们也有闹矛盾的时候。不过二人在结婚后确实从来没有发生过争吵。谈到其中有什么秘诀，三浦友和表示其实很简单，就是他有一个温顺的妻子，而自己当初选择山口百惠也是因为她温顺的性格，再加上她会在出现吵架的苗头之前忍住，一退到底，同时，在日常生活中，他们互相敬重对方。山口百惠则坦诚相告："我们也有不愉快的时候，生活中的摩擦谁也避免不了。但是我们有一个约定——轮流当天使。有人说，夫妻双方之间发生了矛盾，第一个低头认错的就是他们爱的天使。但是，不能总是由一方来当天使，因为天使也会疲倦。我们约定轮流当天使，发生矛盾后，不论谁对谁错，总要有一方先低头认错，哄对方开心。如果这次是我，那下次就是他了。这样，我们都是天使，谁也不会感到累，这样的婚姻才会幸福。"

三浦友和说，温顺的妻子很喜欢做家务，尤其喜欢做菜。"只要我在家吃饭，我们都会喝上几杯，主要是喝葡萄酒和清酒，通常两人能喝一瓶葡萄酒。"三浦友和很在意回家吃饭那种感觉。在他看来，两人婚姻生活中并未感到有什么特别之处。"对于我来说，结婚24年、25年、26年，都是一样的，因为山口百惠的温顺性格几十年都如一日。"

性格温顺的山口百惠具备了好妻子的格调和内涵，不但令三浦友和渴望、追求、留恋，而且也令所有女人羡慕。性格温顺的女人如漫漫长夜的皎洁月光，没有她们，就没有万家灯火，就没有美满的婚姻。

性格温顺的女人即使微微一笑，也能化解婚姻中厚厚的坚冰，磨平婚姻中尖锐的石头，展示一种不可忽视的力量。性格温顺的女人即使不言一句，也能把迷人的风韵体现得恰如其分，深深吸引丈夫的凝视。性格温顺的女人即使静静而坐，也能让丈夫感觉如诗如画、风情万种，如一道金色阳光，瞬间将婚姻和家庭的幸福勾勒得温馨、华美。

下篇：快速锤炼幸福人生的优秀性格

{Chapter 9}

好性格，好人缘：优秀的个性让女人人见人爱

好性格是女人人际交往的宝贵财富，一个热情、开朗、自信、积极的女人，无疑会受到别人的欢迎，让他人热情地支持她、拥护她；好性格是女人的一种无形的精神力量，能让你发挥自己的才华，取得难以形容的成就感和满足感；好性格是令人称奇的人缘播种机，不论在任何条件下都能让你很好地与他人相处，巧妙地照顾到自己，维护自身的利益。女人有怎样的性格，就有怎样的人缘，就会使自己的人生处在怎样的层次。女人只有不断地完善自己的好性格，才能不断地把自己人生境界向高处延伸，让自己拥有一个多彩的人生。

好性格的女人惹人爱

好性格的女人如一杯醇厚的佳酿、一杯美味的咖啡，能让人赞不绝口，纷纷想与之亲近，切身感受自然而独特的魅力。

好性格女人的魅力不在于外在的容貌与身材，更不在于家境的优厚与浮华，而在于个人的性情和品位、气质和风度、修养和节操。这样的女人对人对事善于妥协，不固执己见，但也善于在妥协中巧妙地坚持，在不固执中自有一种主见，让人不得不爱。

好性格的女人心胸开阔，坦然而又磊落，能够宽容别人的过错，却不会将一些不快耿介于心，对不恭之词能一笑置之，可以忍他人之不能忍；好性格的女人爱心浓厚，极具亲和力，真心而不计回报地关心亲友和爱人，因而更受到朋友和爱人的加倍喜爱。曾馨莹能赢得台湾首富郭台铭的倾心，靠的正是她的好性格。

曾馨莹出生于台湾南投县一个普通家庭，小时候的曾馨莹眉开眼阔，鼻梁扁平，怎么看都不漂亮，但她性格爽朗大方，活泼爱笑，喜欢跳舞，一直十分有人缘。在台湾，无论商家还是普通百姓，每年年尾都有个联欢活动，叫“尾牙”，意即犒赏过去一年的辛劳。2007 年，台湾鸿海集团也举办了一个大型的尾牙联欢会，董事长郭台铭特意重金邀请了台湾名模林志玲做当天的嘉宾主持。作为林志玲好友兼指导老师的曾馨莹也在受邀之列。

林志玲就精心策划，准备在台上和郭台铭表演一场精彩的探戈舞。这时，郭台铭为难了，因为他从来没有跳过探戈。林志玲马上把曾馨莹叫了过来，让她现场教郭董跳舞。平时看起来威严铁面的郭台铭，在娇小柔弱的舞蹈老师面前，只得像个小学生一样乖乖地挪动着步子。一不小心，他的皮鞋就踩上了曾馨莹的脚，“哎呀，对不起，对不起……”郭台铭连忙道歉。“没关系，郭董，只要您能学会舞步，就是把我的脚踩肿了也值得。”曾馨莹俏皮地说，逗得郭台铭哈哈大笑。

后来的一天，曾馨莹忽然接到了郭台铭亲自打来的电话，说是邀请她做自己的私人舞蹈老师。第一次来到郭台铭的豪宅，曾馨莹难免显得拘谨。身着家居服的郭台铭平易近人地笑着，先请她坐下喝茶，并随意地问起她的家庭情况。曾馨莹毫不隐瞒地告诉了他自己的家庭情况，并说“看到父母一年年苍老，心里很不是滋味，我尽可能地使他们过得快乐。我认为，人生中金钱不是最重要的，金钱买不来幸福，只要医院和监狱里没有我们的亲人，这就是全家最大的幸福。”郭台铭没想到，眼前这个其貌不扬的女孩居然有着如此练达的人生观和动人的性格。最重要的是，他发现这个女孩身上没有世俗的金钱味道。当今时代，这种性格实在太难得了。身为台湾首富又单身的郭台铭身边从来不乏年轻美女，尤其是那些外表光鲜的女艺人，但她们只关心金钱、物质以及男人的财富……而曾馨莹却有点与众不同。在接下来的几次授舞过程中，郭台铭越来越发现，曾馨莹就像一朵超然物外的朴素莲花，她的身上从来没有炫目的珠宝，没有品牌服饰，没有扭捏作态，而且，他在她面前感到无比放松，不需要伪装，自己特别愿意和她在一起，更难得的是，曾馨莹的好性格还打动了郭台铭的妈妈。在妈妈的极力推许下，郭台铭向曾馨莹表白了并表达了希望牵手一生的愿望……

如今，曾馨莹和郭台铭幸福地生活着，并生了一个可爱的宝宝。由此可见，女人外表美并非是好人缘和好婚姻的通行证，内在的性格美才是获得爱情和友情的法宝。

谦虚、乐于听取不同的意见、择善而从，不心高气傲、盛气凌人、乱发脾气、怨天尤人是好性格女人的特征，她们遇事镇定，不会惊慌失措，而是冷静地寻找办法来解决，在各种场合中懂得如何应酬对答，总能视自己为能者的学生、贤者的伴侣、朋友的知己。碧霞就是具备这些特征的好性格女人。

碧霞在一家农村信用社工作，丈夫是一名民警，碧霞本以为在老公的呵护下能浪漫无忧地安享合家之欢、天伦之乐。然而，在婚后的日子里，作为警嫂的她担起家庭的责任，默默支持着丈夫的事业。

在两人新婚不到3个月时，丈夫就投入了长达1个月的全省公安机关督察业务大练兵比武封闭式训练。为了能在短时间内取得最好的训练效果，组织队员全身心地投入学习和训练，尽管正值新婚燕尔，尽管家离单位还不到两公里，丈夫却全部心思扑在工作上，家也不回。对此，碧霞非常理解和支持，独自担起了家的责任，没有半点怨言。辛勤的付出终于换来了欣喜的回报，丈夫率领同事们荣立了集体三等功。

对待家里的老人和朋友，碧霞也很明事理。逢年过节，她总忘不了给几位老人家奉上自己的心意，总要寄点钱、买一身衣服、一些食品孝敬几位老人家。孩子要出生了，公公、婆婆欢欢喜喜地从家乡赶来探望。得知两位老人家要来，丈夫却又正巧被单位抽派到外地参加执法质量大检查，家里的一切都落在了碧霞肩上。她没有埋怨丈夫，没有拖丈夫的后腿，独自拖着沉重的身子，忙前跑后地准备好两位老人到来后所需的一切起居用品。

在单位，碧霞也是一位深受人们称道的好女人。她在农信社工作，平时言语不多，只知老老实实地做好本职工作。与同事和和气气，很有人缘，大家也喜欢和她相处。因为住在单位宿舍，邻里之间本来就熟悉，一来二往，碧霞和大家相处得就像一家人，平时煮菜烧饭缺了盐、少根葱，邻居们也总喜欢向她要，她也是笑笑地拿给邻居；邻居家谁有个头疼脑热，她知道了，立刻就上门嘘寒问暖。在她的照顾下，她家的孩子和邻居的孩子好得就像亲兄弟，一见面就黏在一起。

碧霞这样好性格的女人的确是一道美丽的风景线，能为周遭每个人的生活增添不一样的绚丽色彩，让人不由得想与之交往、亲近，成为朋友。

在丈夫眼里，好性格的女人就像一道风情无限的美景，令人神思飞扬，心旷神怡；在朋友眼里，好性格的女人就像一杯美酒，令人微醺微醉；在亲人眼里，好性格的女人就像一首悠扬动听的乐曲，令人怦然心动，这种女人，让人如何不爱！

做谦逊女人，赢得好人缘

谦逊的性格是女人广交朋友的魅力基础，是女人在众人夸耀之下不自傲、理性而睿智的处世智慧。

谦逊是女人一切美德之首，是人与人顺利交往的保障。性格谦逊的女人内心深处储藏着勃勃生机和无穷活力，她们处于低谷时不颓丧，遇到困难时不退缩，一帆风顺时不得意，功成名就时不忘形。

达·芬奇曾说过：“微少的知识使人自豪，丰盛的知识使人谦逊，所以，空心的禾秆清高地举头向天，而充实的禾穗却低头向着大地，向着它们的母亲。”大自然的万物给了女人很好的启示：人际交往要谦逊低调，不刻意显示自己，这样才更能亲近别人，获得更广泛的人缘。

要广结人缘，女人不可因成功而过分骄傲，也不可因挫折而轻易自卑，而要时时、事事、处处保持谦逊的性格，只有重视别人，你自己才能受到重视。在生活中，骄傲的女人是没有多少生存空间的，越有人缘的女人就越懂得谦逊之道，永德县老干部活动中心局长尹玲琴正是以谦逊的性格深受老人朋友们的喜爱。

尹玲琴虽说从事老干部工作已经数年，但因长得雅致乖巧，一张可爱的娃娃脸，且活泼开朗，待人亲切、随和，在老干部眼里，咋看都是个“娃儿”。刚到永德县委老干部局时，虽说早已做好心理准备，老干部局与县委办不可比，但她怎么也没想到会是如此简陋的办公室：几张破旧的桌椅和一部电话，满地的灰尘，她想拖地却没有拖把……没有做不了的事，只有想不到的事，尹玲琴下决心竭尽全力改变老干部局工作现状，并为自己立下“军令状”：力争建一流队伍，创一流服务，树一流形象，坚决不落伍、不掉队，努力走在全县前列；千方百计保证老干部各项费用不拖不欠，每年至少为老干部实实在在做2~3件好事。

有了目标便有了前进的动力，尹玲琴开始为她的目标奔波忙碌了。尹玲琴的人缘好那是众所周知，她担任过团委书记，群众基础好。较好的人际关系加之机关办公室工作经验，她的沟通协调能力让人羡慕，办事之认真细致让人咋舌。那段时间，她几乎没在办公室待过一天，这个单位出，那个单位进。尹玲琴深知老干部工作仅靠老干部局那是永远都做不好的，老干部局一定得起好穿针引线的作用。所以，尹玲琴就经常往返于人事、财政、社保、卫生、文体等部门，随时沟通、协调老干部局工作中遇到的新情况、新问题。

性格谦逊的尹玲琴将“谦虚学习，真诚待人，踏实做事”视作自己的为人准则。老干部局的干部职工年龄老化，她知道急不来，她在工作中让大家用心去发现每个干部职工的优点，谦逊地向他们学习，并号召大家互相学习。久而久之，大家在愉快、和谐的氛围中不知不觉地进步了、提高了。多年来，她没给大家上过什么“政治课”，而是用谦逊的态度感染着身边的每个人，用真情和人格魅力赢得了干部职工、广大老年同志和家属们的爱戴。

尹玲琴的真情让大家感动，尹玲琴的亲切让大家和谐相处，尹玲琴的性格让大家钦佩。

诚如美国前总统富兰克林说的：“对上司谦逊，是一种义务；对同事谦逊，是一种礼遇；对部下谦逊，是一种尊敬。”所以，女人若想拥有好人缘就应保持谦逊的性格，真诚地赢得朋友们的心，让她们自愿陪在你身边，把欢声笑语带给你。

随和的女人，朋友遍天下

随和的性格是人与人交往最有利的工具，是连接彼此友情的桥梁，是朋友遍天下的催化剂。

在生活中，人与人之间的摩擦与纠纷是难以避免的。性格随和的女人在面对这些不愉快时，即使面对的是涉及自身原则的问题，也不会存成见、居高临下地采取压制他人的态度，而是会平等地和他人交换意见，保持淡泊名利的心境。

著名歌星邓丽君能引得万人喜爱也是因为她随和的性格。邓丽君在生活中既讲究又不讲究，她特别讲究礼数、待人之道，出去演出同乐队合作，每次都要给乐手们买礼物，每人一条烟、一瓶酒，演出之后，肯定要自己出钱，请大家吃宵夜，这是她雷打不动的习惯。但是她对自己的待遇要求特别不讲究，愿意把自己当作一个普通女孩。公司给她配了一辆奔驰车，住五星级酒店，按照她走红程度，完全配得上这种待遇。但是她不喜欢，经常直接把奔驰车司机打发走，坐朋友的底都漏个洞的小汽车，而且一屁股就坐在副驾驶位上，她还爱开玩笑地跟朋友说："你的车好，连洗手间都有。"她也不爱住酒店，反而愿意到普通朋友家里玩，跟朋友一起吃点炒豆干这样的家常菜。她的一个好朋友如是说，"我曾经开过一间小歌厅，客人们边喝酒边自己到台上唱歌，没想到丽君竟然要我带她过去玩，当时可把我吓了一大跳。这可是大明星呀，万一客人有喝多的骚扰怎么办？大明星都惜歌如金，万一客人非要让她唱歌怎么办？但是她自己一点儿不在意，就悄悄地跟我太太过去。她很大方，不管是合影还是签名都不拒绝，大家请她上台唱歌，她就很自然地上台，一点儿不摆架子。说来也怪，台下连起哄的都没有。人们都是打心眼里尊重她。"

这就是性格随和的女人散发的魅力，或许她根本不用说什么，也根本不用做什么，仅仅是好性格便为她们聚拢了非凡的人气。

随和的性格是女人幸福的源泉，是女人粉碎怨仇的激光，是女人身心健康的滋补品。女人生活在社会中，要维持好人缘需要处理好各种关系：上下级关系、同事关系、朋友关系，甚至与父母和兄弟姐妹的关系，还有夫妻关系、子女关系等。性格随和的女人往往能不计利益长短、不论层次高低，在错综复杂的关系网中求得平衡、与人为善，真正做到“海纳百川、有容乃大”，成为人人愿意结交的红颜知己。

女人用耐心浇灌友谊之花

女人用耐心的性格培育自己的人脉，方能繁衍出朵朵人缘之花，进而在人缘的花海中自在遨游，尽情享受美满的生活！

我们都知道“心急吃不了热豆腐”，也就是说，女人要建立和维护好人缘都离不开耐心的性格。好人缘不会自己从天而降，若是你用得到对方时便终日笑脸相迎，用不到时则如同陌生人，那就太急功近利了，自然也很难有什么人缘。女人和他人的交往应建立在心灵相交的基础上，此外，还需要耐心努力的经营。

性格耐心的女人，才能在长期的人际交往中，不断提高自身品德修养，不断充实自己才华，保持自己人格魅力，使陌生人变为挚友，在人们心中获得好口碑，赢得好人缘。

郁芳在一家公司的劳动工资部工作，主要负责职工的社会保险统筹、住房公积金账户的管理等。长期以来，郁芳都用认真踏实、负责细致的工作态度及较强的业务技能面对和处理自己的本职工作。考虑到自己工作的大部分内容是涉及职工切身利益的，因此，在具体工作中，郁芳会向基层的工作人员耐心地讲解操作步骤、方法，虽然有的工作人员会在同一个问题上反复地提出"我怎么不行""怎样做……"等问题,但性格耐心的郁芳始终细致温和地向他们解释,甚至手把手地教,直到其弄懂为止。郁芳深知自己的工作涉及企业的社会信誉,特别是职工的利益,稍有工作上的失误,就会影响到职工的情绪,给企业的发展带来不必要的损失。所以,在处理自身工作时,郁芳能耐心地做到精益求精;在对待不懂的同事时,她能耐心讲解,向其灌输工作的重要性,一步步指导其完成任务;在对待有情绪的同事时,她能谆谆劝导,安抚其情绪,耐心地做好思想工作,直至其放下思想包袱。

在处理职场人际关系时,郁芳稳重、耐心的性格更是充分发挥作用,无论是本单位的同事,还是外单位的职工,有问题来咨询她时,她都会耐心、细致、不厌其烦地向他们解释。特别是一些已离开本单位的原职工,在办理特殊工种提前退休提供相关证明手续时,她尽量能为这些同事着想,到仓库去查找原始依据,即使是在大热天中查找资料,她也没有半句怨言,仍然耐心查找着;对那些找不到原始资料办手续的同事,郁芳会耐心地为他们出主意、想办法,向他们解释政策。

因此,在公司,常能听到有同事这样评价郁芳:"谢谢你……""你办事态度真好,难怪你的朋友多呢,以后你有什么需要我帮忙的,尽管说……"。在日常生活中,她人缘更是好得没话说。

郁芳就是用自己耐心的性格、心平气和的心态播撒着一颗颗友谊的种子、浇灌着一朵朵友谊之花。一个女人说话和气,办事周全,又耐心帮人,自然会与周围的人关系十分融洽,王郡就属于这类女人。

王郡是一名银行职员,她的工作是分流客户,帮助客户填单,她的日常工作需要与各种各样的客户打交道:男的女的、老的少的、识字的不识字的、各种职业的、性格各异的。曾经她的一位同事说:"在银行工作就像在捕鱼一样，什么样的客户都有可能遇上。”但王郡却每年都能凭借零投诉成为优秀职员，这一切的荣誉皆源于她耐心的性格。

谈到这些时，王郡说：“在工作中，我会主动地询问客户要办什么业务，但有的客户戒备心很强，就常遭到冷眼对待，这时心里感觉真的很难受，不过很快就会觉得这是正常的，因为我自己去逛超市的时候也不喜欢别人推销，可能他们也以为我是想要推销什么理财产品，于是我就会耐心地再说我是想看一下您是否需要填一下什么单子。当然，每一次客户对我说谢谢时，我总是很开心、很满足，有些客户还夸奖说我很有耐心，服务态度真好，说下次还找我，我听了总是美滋滋的。和国内客户打交道都不算什么难事，难的是为外国客户服务，第一次和外国人说话时，很紧张，也真的发现自己口语很烂，在生硬的交谈中最后总算帮他填完了单子，当时感觉有些愧疚，但似乎更有信心与勇气去开口说英语了，碰到第二位外国客户时内心平静了很多，自己的口语也进步了很多，竟然很顺利地与他交谈，很快就填完了单子。有些外国客户竟然还记得我，每次来我们银行都找我办事，还会在留言簿上公开表扬我的耐心、细致。看到这些留言，真的是由衷地高兴。”

王郡说很幸运能从事金融行业，与各种各样的客户打交道，结识到各种各样的朋友。她说女人拥有耐心的性格是一种幸福，耐心付出自己的真心总会有收获的，人缘的建立需要自己的悉心和耐心。

女人若要获得好人缘，经营好自己的人际关系网，没有捷径可走，必须步步踏实，用耐心的性格认真对待周围的每一个人、每一件事。

人生在世如白驹过隙，不过短短几十年，接触到的人亦有限，因此，女人要十分珍惜人与人之间相处的缘分，耐心对待夫妻情、朋友情、亲人情。只有用耐心的性格浇灌这一朵朵真情之花，女人才会有好的人缘，生活才会变得有意义，才能体会到人世间的乐趣。

包容是人际关系的润滑剂

包容是人际关系的润滑剂，是女人积极处理人情世故的一种乐观心态。

懂得包容的女人是幸福的，这种包容的性格不是毫无立场的忍让、懦弱，不是无奈之时的退避三舍，而是一种发自内心的真诚待人、主动馈赠，所谓“送人玫瑰，手有余香”，这缕余香往往能打动人心最柔软的地方，激发出最真挚的情感。

包容性格的女人是幸福的也是快乐的，她们常能用包容来消除朋友间的隔阂，在彼此间架起直通他人心中最真、最善、最美角落的通道。明朝的马皇后正是用她包容的性格赢得了臣子、百姓的爱戴、千秋万代的称颂和丈夫朱元璋的尊重。

史书给马皇后的评价极高：生如夏花，逝如冬雪。纵观“马皇后”的一生，她对这八个字可说是受之无愧。她和朱元璋是“无论贵贱生死，永不相弃”的夫妻典范。朱元璋被困，她不离不弃，冒着生命危险，甚至不惜烫伤自己为其送饭；朱元璋领兵征战，她有胆有识，坚强执着，捐助所有财物犒军，在后方组织妇女缝补衣物；朱元璋富贵，她不骄不奢，简朴从容，时常劝其不要忘记民间疾苦；朱元璋权倾天下，她没有让自己的亲戚朋友因她是皇后而“鸡犬升天”，却对朱元璋说出了“愿得贤人共理天下”的至理名言；朱元璋残暴，她以仁慈博爱、包容大度的胸怀把朱文正、李文忠、宋濂等认识或不认识的人从朱元璋举起的刀下救出来。

最能体现马皇后包容性格的便是在她生命的最后一刻，依然以一颗包容的心关爱着他人。她说："人的生死是由命运决定的，求神拜佛是没有用的，医生只能医病，不能医命，如果让医生为我医治，服药无效，陛下一定会降罪于医生，这是我不想看到的。"她在病榻上含笑而终。这是何等伟大的包容、仁爱呀！为了让朱元璋施仁政于天下，她不惜以自己的生命作代价。正是得益于她的包容性格，凡是她说的话，即使疑心极重的朱元璋也言听计从；她的建议，如此独断专行的朱元璋也甘愿采纳；她病逝后，朱元璋再没册立新皇后，可见在朱元璋的心中，马皇后的地位是无人能够取代的。作为一个封建时期的皇帝，后宫佳丽三千，却独深情于一人，所为何因？无疑是马皇后善良包容的人格魅力征服了他。

难怪历代史学家都对马皇后交口称赞，誉为一代贤后，她的的确确是个了不起的女人。由此看来，一个女人要赢得丈夫的倾心、朋友的关心、亲友的爱心靠得并非是姣好的容貌或曼妙的身材，而是包容的性格。

包容是女人的一种美德，也是一种赢得友谊、保持家庭和睦、事业成功的良方。包容和自己有冲突的人，能让我们少一些个人恩怨，多一些支持；包容和自己观点不一致的人，能捍卫他人说话的权利，赢得他人打心底的敬佩；包容性格上你不喜欢的人，能让每个人尽情释放自己的魅力，使你感受到不一样的风情。

在女人的人生舞台上，每个人都有着不同的角色，个人之间又有着千丝万缕的联系，相处时难免有相左之事。

诚如"包容别人是对自己最好的解放"所说，包容性格的女人，常能用一颗仁爱、包容之心去对待他人，因此能感受到人生的快乐。这样的女人拥有非凡的气度、宽广的胸怀、高尚的品质、崇高的境界；对人对事会多一分理解、多一分释怀、多一分善待，善于同各种各样的人，特别是同能力、天赋等各方面不及自己或脾气秉性与自己不同的人友好相处、和谐共事；因而能得到更宽阔的天地，处处碰到信赖和爱戴自己的朋友，收获更广泛的人缘。

包容性格的女人是美丽的，因为包容是女人的一种魅力，更是一种力量，它能使女人采众家之长，取之精华，增添自己的智慧，释放自己，不断进取，使其一生沐浴在阳光雨露中，享受朋友遍天下的快乐。

耿直的女人会做事、会说话

性格耿直的女人也许不圆滑，也许不冷静，也许不世故，也许不得体，但耿直的女人一定是快乐的，因为她们大多人缘非常好。

性格耿直的女人在待人接物时，不会像小家碧玉般纤细柔弱，也不似名门闺秀般矫揉造作，而是骨子里透着几分侠古柔情、正直无邪、刚直不阿。性格耿直的女人对待朋友时爱憎分明、明察秋毫、仗义执言，对待爱人时向往真善美、毫不掩饰、竭尽全力，对待亲人时是非分明、体贴入微、忠肝义胆。她们能不为世事所屈，不为困难所退，正因如此，她们常能赢得人缘，迎难而上，抵达成功的彼岸。

但在生活中，也常常有性格耿直的女人因说话过于直接、坦率而得罪朋友，这并非说耿直是坏事，而是应该注意下表达真诚直率意见的态度和方式。当你以真诚、善意的态度待人时，相信不会伤害到他人，人际关系也会变得融洽。同时我们也要记住,耿直不等于不讲究谈话艺术,凡事直来直去,有时婉转地表达意见的效果反而更好,也更易被别人接受。

静静的脾气有点急,但耿直善良,人缘还是比较好的。她住的小区里有两个和她一样喜欢锻炼的人,路上碰到时间长了也就认识了,一个是吴姐,一个是小王。这三个女人都是性格耿直的人,只是为人处世上有所不同:吴姐比较开朗,说话有点随便,看见人就会主动打招呼;小王是快人快语,碰到人会说个半天,一吐为快;静静则想怎么说就怎么说,从不隐瞒,为人比较大方。既然性格都差不多,又都爱锻炼,经常碰到,一来二往就熟了,于是说好以后大家一起锻炼,有说有笑地有乐趣一些。

本来这是个很好的事,大家关系融洽,不料发生了一件事,打破了这种融洽的关系。事情还得从吴姐的朋友说起。吴姐有个朋友,23 岁,闺阁待嫁,叫小丽。静静也有个朋友,24 岁,小伙子一个,叫小乐。静静有意想把小乐介绍给小丽,也曾和吴姐说起此事,于是,两人一拍即合,就做起了这个媒。不料小丽和小乐没缘分,小丽觉得和小乐没话说,又觉得小乐说话也不大通畅,心里就不大乐意,没打算再谈下去,这事很快就没了下文。事情到了这里,应该可以告个段落,但下面还有事发生。

因为媒人没做成,说话直接的静静就对小王抱怨了一番,数落了小丽几句,这本来就是很正常的事,谁料,小王心直口快,心里藏不了事,就当起了传声筒把她听到的每句话都传到吴姐耳朵里,尽管没有添油加醋,但吴姐听了心里还是很不舒服。一天,三人锻炼时,吴姐就当着静静的面说小乐不善言辞,是书呆子一个,没想到,两人一来一往,就吵起来了,话越说越多,越说越难听,都说不清什么了,就此两人结了仇,更不要说一起锻炼了。

说起来,静静、吴姐、小王都是性格耿直的女人,本性也都不坏,可为什么关系会闹僵呢? 诚然,女人性格耿直固然是好,但与朋友说话口无遮拦、不经思考，不考虑别人的感受就不好了。所以，当耿直的女人感到自己有抱怨、不服气时，切不可轻易动气，也不可气焰嚣张、盛气凌人，要知道，得罪一个人容易，拥有一个朋友却很难。

相信掌握了说话技巧的耿直女人一定能踏踏实实做事，堂堂正正做人，不为名所困，不为利所诱，畅饮亲情的雨露，沐浴友情的阳光，喜迎爱情的和风，以源源不断而来的人缘，享受人生的每一个春夏秋冬。

自信的女人在交际中游刃有余

自信型性格是女人一份永远不为外人所夺取、永远属于自己的财富，它不会因时间而消逝，不会因岁月而磨损，是女人美丽的秘诀。

形容人缘好、有吸引力的女人有诸多词汇：漂亮、成熟、优雅、有气质、有内涵等，但有一个词却能将上述的优点全囊括其中，那就是自信。自信型性格的女人，集所有特质于一身，无论在什么场合，她们都能谈笑自如、举止大方、行为得体，她们懂得在什么样的场合说什么样的话，什么能说，什么不能说。

在处理人际关系时，她们不会与人争吵得面红耳赤，也不会为自己辩解、袒护，更不会死死纠缠、歇斯底里。在她们的身上永远散发出高雅的气质和美丽的光芒，弥漫着一种自信性格的魅力。这种性格让男人为之钦佩叹服而又尊重，让女人为之嫉妒羡慕而又自惭形秽，久而久之，便使得她们无论走到哪里，都有朋友相伴左右。让人感觉亲切自然、为人坚定自信的娉韵便是这样一个人缘广的美丽女人。

在娉韵考上大学后，因心态、情绪不稳定，她毅然决定休学一年，为自己好好定位。回到家乡的她，每天做好多兼职让自己忙碌起来，上午去做家教，下午去健身房健身，到晚上就去唱歌或主持节目，一直熬到半夜才回家卸妆、洗澡、睡觉。这样周而复始的生活虽然有时候感觉疲乏，但也很充实，让她认识了很多不同层次的朋友，在和他们相处的过程中，她明白了很多道理，也增加了对自己的认识。后来，她还是决定回到学校继续上大学。

再次回到学校后，娉韵的性格和心态发生了很大变化，变自信了很多，也因此认识了更多的朋友。她尤其喜欢和朋友一起开玩笑，表露自己真实的情感。在很多时候，娉韵不愿意和别人去争。也许在很多人看来，“争”不仅可以展示自己的风采，而且还是通向成功的必要条件。但是，娉韵却认为，正是这种平和的心态让她拥有了更多的朋友，也获得了很多偶然的机会。“路还是要走下去，就看你有没有信心和勇气去面临一切艰难。很多事情，你只有迈出了第一步，你才能够知道它的价值。”娉韵说这话的时候，坚定且自信。

在学校参加挑战主持人大赛算是娉韵自信性格的另一个表现，通过比赛让她更加喜欢主持人这个工作，也让她学会了一些人生哲理，变得更加成熟、自信。当朋友问娉韵“你这次比赛的最大优势是什么”的时候，她自信地说，自己的优势在于综合素质方面，她觉得自己对舞台的感觉挺好，只要有这么一个好的舞台在她面前，她就可以马上找到感觉。通过比赛，娉韵也结识了很多好朋友，同时也积累了一些主持的经验，并最终囊括“最具人气奖”。

像娉韵这样的自信女人有着一种不一样的吸引力，能让自己成为人气女王。性格自信的女人能看到自己本身的价值，认识自己的魅力，感悟生活中的美好一面，增加对生活的热爱、对朋友的关心，珍惜生命中的点点滴滴，乐观而风姿卓越地游弋人间，实现自己心中的一切，乐君正是这般自信的女人。

乐君的性格亦动亦静。在外，她开朗、活泼，善与人交往，但是她又喜欢独处，喜欢静静思考、看书。她自信的性格使得她朋友很多，再加上她从不吝惜自己的真心，因此人缘一直都非常好，这些人脉在她平时的生活和工作中给了她很大的帮助，让她得到了很多重要的信息。同时，乐君喜欢看书，涉猎广泛，一般的交谈她都能插上话。乐君的家庭收入也不错，可以负担起她的求学费用。另外，她的成绩很好，多次获得专业一等奖学金，还没有任何感情问题，这样她就能更轻松地和朋友们相处。

从小到大，乐君从没有怀疑过自己的能力，也一直追求着自己的梦想——成为一名外交官。乐君考虑到如今真正精通英语又熟悉法律知识的外交人才实在是凤毛麟角，而实际上市场需求量又是相当之大，因此，她选择的专业是法律、英语双学位，她想如果自己能够按照既定目标发展，不断提升各方面的素质，她一定能找到适合的位置，实现理想。

经过多年的锻炼，乐君的演讲水平和文字功底都得到了很大的提高，这使她在工作和考试中都很有优势。而且在大学求学期间的多年学生工作让她拥有了很多宝贵的人脉和经验，使得她的性格更加自信，并成了她最终成为外交官的不竭助力。回望自己的成长之路，乐君感叹说："曾经以为梦想就在远方，只要我坚持就能够实现；曾经以为梦想遥不可及，现实让它变得卑微而不可触摸。但是现在才发现，当梦想照进现实，唯有自信，可以让我勇往直前，唯有朋友，可以让我无畏风雨。"

的确，像乐君这般性格自信的女人才能自强，才能广结人缘，才能永远不会被社会击败。自信性格的女人才能达到自己所期望达到的境界，才能成为自己所希望成为的人，才能坚持自己所追求的信仰，才能收获更多的友情，赢得更多的支持。

性格自信的女人，或许没有天姿国色、闭月羞花的容貌，但仅仅因为她的性格，瞬间便能变得光彩耀人、淡雅高贵，成为最耀眼的焦点，且永远不会因为容颜的衰老而失去魅力。

豪爽的女人更容易让人倾心

豪爽型性格的女人，在人际交往中常能因其极具穿透力的个人魅力和令人信服的气质俘获人心，拥有众多朋友。

豪爽型性格的女人心胸开阔，不论面对怎样的状况，总能保持豁达的心态，坦然面对人生的风风雨雨。她们对待朋友宽容大度、体贴谅解、包容谦让，让人有如沐春风之感，因此在人际交往中能如鱼得水。

不畏强权，对朋友肝胆相照，交友不疑，好打不平、主持正义是豪爽型性格女人的特征。她们比那些深藏不露、遮遮掩掩的女人更令人放心，更容易博得他人的信任和好感。叱咤娱乐圈的“肥肥”沈殿霞就是用豪爽的性格征服了众多朋友的心。

香港特首曾荫权曾这样评价沈殿霞：“肥肥是香港人的开心果，她的笑声带给观众很多快乐。她拥有坚毅的意志、豪爽的性格，一直与病魔对拼，获得港人的关爱。她代表了很多香港人所尊崇的精神和性格。”

沈殿霞作为香港演艺界最具代表性的人物之一，入行数十载。重情重义、性格豪爽的她可谓好友甚多，人缘甚广。除了罗文、薛家燕、汪明荃、梅艳芳等好友外，不少后辈亦很尊重她，而沈殿霞亦多次挺身为好友，难怪多年来得到好朋友支持。1990 年亚视为沈殿霞搞了个《肥肥缤纷三十年》特辑，由她广邀朋友出席，她本邀好友陈欣健担任特辑司仪，但无线合约限制陈欣健，有心为难，肥肥对无线此举感觉难堪，因此动摇她重返无线的决定。梅艳芳及罗文在沈殿霞心目中亦占有重要位置。沈殿霞 2002 年为罗文的丧事而奔波，双脚因而红肿及起水泡，要坐轮椅。至于梅艳芳，沈殿霞一直视她为偶像，当年梅艳芳患重病，沈殿霞非常忧心。

“肥姐真的很伟大，很豪爽。”这是圈内许多了解沈殿霞的人异口同声的评价。即使身患重病，沈殿霞也没有在家中静养，反倒四处走动，忙着与亲朋好友及圈内熟人大摆宴席，还频繁出席各种社交场合，为的就是和朋友团聚，并为女儿的将来铺路。沈殿霞最放心不下的就是才 20 岁的女儿欣宜，担心她受不了娱乐圈的压力，也担心单纯的欣宜会在感情上受骗。更让人感动的是，豪爽的肥姐为给女儿铺路，不惜以命相搏，在 2007 年出席 TVB 台庆颁奖礼，竟注射强心针出场。据在场的演职人员透露，“肥姐在嘉宾休息室里，拉着女儿的手拜托 TVB 诸位高层日后要多加关照，希望将来她比自己更有成就。”

正因感动于沈殿霞的豪爽，朋友们才会在其逝世后由衷地感叹：“肥姐是一个好直接的人”“肥姐的去世是整个香港社会、影坛甚至全中国的损失。”同样是豪爽型性格的李冰冰，也是因豪爽的个性赢尽了好人缘。

认识李冰冰的人都知道她性格十分豪爽，做事不拘小节，以下的两件事就是最好的体现。在面临与华谊合约的“七年之痒”时，“橙天娱乐”早就瞄准了她，想把她签约门下，最后华谊大出血，甩出 8000 万元续约金留住美人芳心。但是好友们都知道李冰冰看重的不是 8000 万元的续约金，而是与华谊之间的感情，李冰冰几乎是华谊一手培养起来的“亲生女”，这份感情是说割舍就能割舍的吗？况且范冰冰出走华谊时，李冰冰依然坚守华谊，足见她豪爽之至，重情重义。很多人会质疑李冰冰凭什么以 8000 万元的身价续约华谊，认识李冰冰的人就知道她绝对值这个价，因为一直以来李冰冰是绯闻少、人气高的女星，而且人气还在不断攀升之中，这点从李冰冰出演的角色的变化就可以看出来，再就是广告代言或者电视剧的成绩，都让李冰冰渐渐地跻身内地“一姐”的行列中来。

另外一件事是，一次李冰冰和范冰冰一同出席某个记者招待会，当记者问范冰冰到底是你的年龄大还是李冰冰的年龄大时，范冰冰犹豫了一下，她说：“这事儿你问她（指李冰冰）。”记者赶紧来问李冰冰。李冰冰乐呵呵地说道：“当然是我大了……”虽然只是短短的一句话，但是却体现了李冰冰为人十分干脆豪爽和大方得体，而她这种豪爽的性格也让她赢得了很好的人缘和较好的口碑。

豪爽型性格的女人如毫无修饰的文字，这并不是没有文采，而是质朴。她们也许常会说出不假思索的话语，但并不代表莽撞，而是胸无城府的天性使然，有时“清水出芙蓉，天然去雕饰”的自然话语要比“华丽的浓妆艳抹”的表达方式更能够打动朋友的心，因为真正的人缘是需要我们付出真心的，而豪爽性格的自然流露真正能表现女人的至善之美。

下篇：快速锤炼幸福人生的优秀性格

{Chapter 10}

好性格，好职业：女人让性格与事业完美结合

性格决定女人的命运表现在诸多方面，性格类型与职业类型的匹配度，往往决定了一个女人职场成功与否。性格具有强大的力量，它决定着你的职场表现，影响着上司对你的看法，左右着你对事物的决断能力。因此，对于在职场打拼的女性来说，了解自己的性格弱点，突出自己的性格优势，做到让自己的性格和事业完美结合，才是傲立职场的长久之计。

女人的性格与职业不能混搭

根据性格选择职业，能使自己的行为方式与职业工作相吻合，更好地发挥自己的聪明才智和一技之长，从而得心应手地完成工作。

在现今的职场中，女性的比例越来越高，女性性格与工作的搭配也成了人们议论的新话题。工作中，有人喜欢创新，却要被重复的琐事拖累，有些人性格内敛，每天却要在大庭广众之下忐忑不安……工作俨然成了一种负担。因性格与职业的不协调而导致职业失败，已逐渐成为职场女性面临的严峻问题。性格类型与职业类型的匹配度，决定了事业的成功与否。

米莉是一家广告公司的市场助理，“朝九晚十”，穿梭于媒体和客户之间。甚至午休的时候，手机也是响个不停。两个字概括就是：卖力。但是很难想象，米莉的工作业绩竟是部门里最差的。

米莉中文系毕业后，进入这家广告公司，被安排到市场部。米莉承认，刚开始就觉得市场工作不适合自己，以为是初涉职场综合征，于是更努力工作，没料到两年了，还是表现平平。

米莉性格内向、不善言谈，并不适合市场部的工作。业绩不是光靠努力工作就能创造的，而是在于是否充分发挥了核心竞争力。文字功底出色是米莉核心竞争力所在，如能从事文案工作，也许会如鱼得水，把才华发挥得淋漓尽致。

如果你的性格不适合这份工作，即便“认真”工作，也无法完全发挥你的核心竞争力，甚至会暴露你的劣势，使你处于被动局面。如果你的兴趣不在你目前的职业上，那么“认真”工作，就是一种自我麻醉，自我欺骗。性格、兴趣是职业定位的方向盘，了解你的个性，找一份适合自己的工作，你才会充满热情地释放出你全部的能量。

去过寺庙的人都知道，一进庙门，首先是弥勒佛笑脸迎客，而在他的背面，则是黑口黑脸的韦陀。但相传在很久以前，他们并不在同一个庙里，而是分别掌管不同的庙。

弥勒佛热情快乐，所以来的人非常多，但他什么都不在乎，丢三落四，没有好好地管理账务，所以依然入不敷出。而韦陀虽然管账是一把好手，但成天阴着个脸，太过严肃，搞得人越来越少，最后香火断绝。

佛祖在查香火的时候发现了这个问题，就将他们放在同一个庙里，由弥勒佛负责公关，笑迎八方客，于是香火大旺。而韦陀铁面无私，锱铢必较，则让他负责财务，严格把关。在两人的分工与合作中，庙里一派欣欣向荣的景象。

心理学专家认为，根据性格选择职业，能使自己的行为方式与职业工作相吻合，更好地发挥自己的聪明才智和一技之长，从而得心应手地完成工作。例如，理智型性格的女人喜欢周密思考，善于权衡利弊得失，故适合于选择管理性、研究性和教育性的职业；情绪型性格的女人通常表现为情感反应比较强烈和丰富，行为方式带有浓厚的情绪色彩，故适宜于艺术性、服务性的职业；意志型性格的女人通常表现为行为目标明确，行为方式积极主动，坚决果断，故多适应于经营性或决策性的职业。

性格决定着职业发展的长远。近日，在中华英才网嘉宾访谈室的在线聊天活动中，就性格与职业定位之间的关系问题，英才联盟顾问专家张建勤女士认为“职业发展规划是与职业气质、能力、兴趣、潜力、价值观、理念等因素相关联的，性格若能与工作相匹配，工作中可以更加得心应手、轻松愉快、富有成就。反之则会不适应、困难重重，给个人的发展和组织造成影响”。另外，若要想胜任工作，则需要更专业的知识、技能、兴趣、价值观以及理念等因素加以支撑，因此，可借助一些专业的测评软件来综合了解自己的性格类型，对职业的选择有利于更准确地定位。

职场中还有很多女人边工作边抱怨“现在工作不是自己喜欢的”，从而怀疑自己选错了职业，入错了行，这主要是因为在工作初期未做好职业规划，因此不要太急于转行或转换职业。面对这样的情况，先进行一个自我审视评估和性格测评。了解自己的职业气质、能力，挖掘自己的兴趣爱好和潜力，分析自己的优劣势，结合自己的学历、教育背景、工作经验，在职业咨询师的咨询指导下进行职业生涯的发展规划。或者知道“自己要做什么?”“自己能做什么?”结合自己的价值观和理念，进行一个职业目标的设定以及策划，并进行反馈评估，不断调整自己的方法，完善自己的职业生涯规划。

好的职业生涯规划可以让人身心愉悦地工作和生活，只有当性格与职业相匹配，并有能力作支撑时，才能实现自身价值的最大化。

让工作与性格爱好完美结合

如果你发现自己处在不适宜的管理职位上，或者认为某个职业不适合

自己，通常是因为职业角色的要求和你的个性偏好不匹配。

人与人之间有着很大的区别，有人乐意干事务性的工作，而有的人对信息加工与处理非常擅长，还有的人热衷于人与人之间的沟通和交流。这就是人的性格偏好所起的作用。因此，性格能让你在一种职业环境中获得成功，但在另一种职业环境中却大受挫折。

性格是一个复杂、动态的混合体，由遗传、后天累积的经验、与周围环境的相互作用以及潜意识等因素构成。不少人认为自己是一个多种类型混合成的矛盾体，但是专家认为“万变不离其宗”，你一定是以“本我”为核心的；也就是每个人的个性中一直保留着恒定的偏好，无论时间如何流动，它们都保持着本质的稳定。

性格偏好，意味着你以某种方式做事的天生爱好。就像你的左右手。你每天都要使用自己的两只手，但出于本能，你一定偏好使用其中的一个，因为它更加自如，让你更充分地发挥它的功能。当然，你也可以用不很擅长书写的那只手写字，但你会感到别扭、费力，而且写出来的字也不如另外一只手写得好看。

苏珊曾经有一位准客户，是一个腼腆、内向的大学生。由于不善与人沟通，而且协作能力差，合同期满后公司没有与她续约。因此，她在家里待业的时间长达十个月。有一天，苏珊突然收到她的一封电子邮件，上面说：为了挑战个人能力与性格，我决定从事寿险代理工作……

苏珊试图说服她放弃这样的努力，但没能成功。一年后，她再次找到了苏珊。在这一年里，她只做成了一份保单，而且这份保单还是主管协助她完成的。在工作的后期，每天出门前，她的内心都要剧烈地挣扎，最后不得不采用抛硬币的方式来决定当天是否出门工作……经过一番思想斗争后，她决定放弃了。

如果你发现自己处在不适宜的管理职位上，或者认为某个职业不适合自己，通常是因为职业角色的要求和你的个性偏好不匹配。

一份工作让你常常改变自己已定型的性格定位，这便带来焦虑和紧张。举例来说，一个内向的人需要在一个大型演讲会上发表演说，或者一个急脾气的人要扮演员工关系协调者的角色，这都会让他们感到紧张或将工作搞砸。由于性格偏好与职业角色的要求不协调，个人潜能便不能有效发挥，工作表现自然不如意。

晓燕原来是位出色的销售经理，她具有随和、易与人交往、工作努力等特点。由于工作表现出众，她被公司提升为高级营销经理，每天面对的工作也从原来的销售队伍管理、客户拜访转变为区域数据分析、市场调研计划和广告促销活动策划等。同事和朋友很羡慕晓燕的新职位，但她却感到新工作非常枯燥，她宁愿走访客户。出现这种情况，显然是公司和晓燕都没能弄清销售人员和营销人员是两种截然不同的职业，角色的要求存在着很大的差异。

由此看来，性格与职业的选择、成功有着密切的关系。如果你能辨别自己的性格偏好，并力图使之和职业角色的要求相互匹配起来，那么你一定会在工作中保持和加强你的优势，控制和减少你的劣势，职业表现肯定强于别人。如果你想取得职业的成功，首先要理解、认清自己的性格偏好；其次是明确在哪种环境下工作，你能最大限度地发挥自己的个性优势；从事什么类型的工作，能让你的“本我”个性与职业个性融为一体……

女人求职要跟着性格走

性格并无好坏、优劣之分，但性格类型与职业类型的匹配度，却往往决定了职场成功与否。

在如今的职场中，因性格与职业选择发生错位，从而导致职场的失败，已逐渐成为职场女性面临的严峻问题。

不仅刚参加工作的人会对自己的职业发展存有疑问，即使有多年工作经验，并取得过一定成绩的人也会有“是否该换工作了”的想法，他们认为之所以工作不顺利，是因为自己的性格不适合现在的工作。

颜颜在某化妆品公司的市场部工作了 3 年，在老板眼中，她是个不折不扣的敬业女人；在同事眼中，她一直是沉默却肯干、无大功亦无大过的同仁。然而颜颜自己却知道，她工作得并不开心。一直以来，在市场部里颜颜只从事流程化的作业；在开拓市场方面，有限的几次尝试都无功而返；只是由于做事踏实，颜颜被看作公司不可或缺的老员工，能让老板放心。但她明白，靠这些本钱要获得晋升很困难。几个同期进来的同事，不是换了部门，就是打拼出了自己的天下，而她却做着日复一日的重复劳动。尽管收入在部门里也不算低，可颜颜感到前途黯淡。

为了改变自己的职业现状，颜颜找了几家职业顾问公司做了职业测试，测试结果大同小异，赫敦管理顾问有限公司首席顾问张建勤女士认为，颜颜性格中稳定的成分居多，小心谨慎，而且各项指标显示她的人格特征以内向、感性、思考和泛知为主。这表明，颜颜的问题出在了性格与职业不完全吻合上。在市场部这样一个开拓性为主的部门，缺乏创意和一定的冒险精神，是难以获得好业绩的。难怪颜颜尽管一直努力使自己融入这样的团队工作气氛，结果却只是感到压抑。

如果保持现状，颜颜很可能永远只是一个企业的普通员工，虽然在经验方面颜颜已经积累了比较大的优势，但是要打拼出自己的一番天下，可谓十分困难。跳槽以寻找适合自己性格特征的职业，是改变颜颜职业前途的当务之急。眼下颜颜的年龄已经将近30岁，再不及时调整自己的方向，找到适合自己的职位，则会对她的职业生涯产生莫大的影响。

其实，颜颜的优势还是很明显的。首先，她有大型外企工作背景，容易得到同类外资企业的认可；其次，颜颜在英语公文、英语口语上均达到一定程度，良好的语言能力为其转型发展打下了扎实基础；再次，3年的工作经验也给颜颜带来了相应的成熟度，经历了外企的文化熏陶；最后，颜颜稳重踏实的个性也是不少企业的职位需要的。

根据颜颜的优劣势和性格特征，颜颜最好的选择是继续在外资企业从事诸如人事管理、生产管理等职位，这些职位需要沉稳的性格和亲和力，而这些都是颜颜性格方面与生俱来的特质。

最后，以颜颜相对沉稳的性格来说，她跳槽的最佳方案应该是企业内部的横向流动。一般来说，对于她这样已经有了3年工作经历的员工，企业会注重她自身的发展需求。只需在合适的时机用合适的方式表达自己想“跳槽”的想法，她应该会得到部门主管及人力资源部门的支持。而跳槽去其他外企当然是比较快速的办法，但毕竟“做生不如做熟”，在一个已经熟悉了的企业文化里继续发展，总比去重新熟悉一种新的企业文化省力一些。

一个人选择什么样的职业，常与他本人的兴趣、爱好、性格、气质及能力等有密切关系。有人选择了教师的职业，可是性情暴烈、缺乏耐心；有人选择了记者的职业，但生性沉稳、反应迟缓。于是，理想的职业失去了原有的色彩。从某种意义上来说，兴趣、性格等是一个人在选择职业时首先要考虑的问题。所以，求职者在择业过程中，应对自己各方面的情况作出客观且全面的自我分析。

在择业过程中，人的兴趣和爱好往往具有一种强大的推动作用。但是，个人的兴趣和爱好只能作为职业选择的重要依据，而不是全部依据。因为，只有把它们建立在一定能力的基础上，并与社会需要相结合，兴趣、爱好才会获得现实的基础，也才有实现的可能。因此，求职者应该培养自己多方面的兴趣和爱好，努力发展自己的专长，从而使自己的兴趣爱好有明确的针对性，确保在求职时拥有一个更为广泛的选择余地。

激情助女人笑傲职场

有一位伟人说过：疯子与执着其实是一家，失败则叫疯子，成功则是执着。无论成功也好，失败也罢；疯子也好，执着也罢，都是一个人对目标充满激情的奋斗。

初入职场时，女人对工作总是充满了激情，这份激情来自对工作的新鲜感以及对工作中不可预见问题的一种征服感，此时的女人往往把工作作为全部生活的中心，把做好工作当成一种乐趣、一种挑战。因而可以用很短的时间熟悉所有的工作流程，用最大的热情对待每个同事，这种激情让公司的老板对你赞赏有加，你也能很快从见习生转为正式员工。

百合就是这样一个初入职场的女孩，她在一家外资公司实习两个月后，终于顺利地成了这家公司的一名职员。进了大公司压力也是不一般的大，同事大部分都有丰富的经验，有的甚至是 CPA 兼 MBA。每每开会，看到他们的建议和意见，百合总是感到差距：为什么自己就没有想到呢？紧张、压力使她始终处于莫名的兴奋之中，于是，她悄悄地努力着，每天 6 点就要起床，每天都要对着图表忙上半天，频繁接受香港方面的审计。就算忙得没有时间吃中饭，百合依然很开心，因为工作有挑战，让她时刻充满了激情，时刻想冲上去，成为一名出色的员工。在这样的激情促使之下，百合的工作越做越好，她的成绩让公司的经理也注意到了这个刚刚大学毕业的女孩，默默地赞赏之下不禁也考虑着更加适合她的岗位。

照那时的情况发展下去，可以说百合的前途是光明的，一旦有合适的机会，她很有可能得到经理的提拔。然而让人意想不到的是，一年之后，百合的情况出现了很大的改变。

一年前，刚进入公司的百合是个意气风发的大学生，对刚接手的工作充满了激情。为了做好自己的工作，她努力学习新的专业知识，提高自己的业务水平。然而，一年后，百合对这个行业有了一定的了解，业务也能娴熟处理，她成了本部门的优秀员工，却失去了往日的工作激情。她每天还是好好地工作——只因为在这个岗位上，工作就是自己的责任。既然工作已经能够轻松应付，剩余的时间百合也懒得去钻专业书籍，她把更多的时间用在了和朋友聊闲天、打扮和购物上面，而此时的百合在老板眼中也由前途无量的员工变成了比较称职的员工。

由此可见，一个女人的激情对于她的工作来说影响是巨大的。即使你是个一无所知的小女孩，在激情的促使下，也可以成为一名优秀的员工，然而一旦新鲜感消失，激情消失，工作也变成了一个不得不去完成的任务，一个人如果像后来的百合那样仅仅是勉强完成任务，那么，其平庸的职业生涯也就在所难免了。

对许多女人来说，工作仅仅是一种谋生的手段。但是，如果只是拘泥于这一点，就不可能拥有对工作的激情。虽然不是人人都能将工作作为生活的一部分，但是显然充满激情的人往往更容易在职场中找到适合自己的位置。女人的激情并非与生俱来，它也需要去发现、去培养，需要你不断地为自己树立新的目标。对工作充满高度的激情，可以使人不畏惧现实中所遇到的重重困难和阻碍。可以这么说，激情是工作的灵魂，甚至就是工作本身，它会促使你在事业的道路上不断前行。

激情可以让一个女人拥有无穷的魅力，电视剧中的成功女性往往是干练、精力充沛、激情四射的形象，试想一下，如果你是管理者，你会提拔对工作充满激情的人，还是整天只为应付工作、毫无上进心的人呢？一个女人于职场中打拼确实不易，若是失去了激情就如同让自己坠入了平庸的深渊，平庸得习惯了，你就会失去竞争的能力，不要说笑傲职场，恐怕能否保住工作都是问题了。因此，职业女性要正确处理生活与工作的关系，不要让生活磨灭了你的激情，而且在工作中，要有归属感，要有责任心，让激情成为点燃你成功的明灯。

有一位伟人说过：疯子与执着其实是一家，失败则叫疯子，成功则是执着。无论成功也好，失败也罢；疯子也好，执着也罢，都是一个人对目标充满激情的奋斗。

当你厌烦了现在的工作时，当你对此时的工作失去了激情时，不妨重新审视自己的工作，看有哪些事情一直拖着没有处理，然后把它做完……不到万不得已决不轻言放弃，把曾经的梦想重拾起来，找机会去实现它。在你解决了一个又一个小问题，完成了一个又一个小梦想之后，自然就会产生一个又一个小的成就感，这种美好感觉的积累就是让激情每天都陪伴自己的最佳良药。

比尔·盖茨有句名言："每天早晨醒来，一想到所从事的工作和所开发的技术将会给人类生活带来的巨大影响和变化，我就会无比兴奋和激动。"他对于成就事业有着独特的见解，他认为成功者最重要的素质是对工作的激情，而不是能力。

一个人的性格不仅体现在他对现实世界的态度，更体现于对工作的态度。而让自己拥有激情的性格，则是一个女人对社会、对工作和对他人由衷地爱护和关切，对于职场女性而言，让自己像比尔·盖茨那样对工作充满激情，是你笑傲职场的法宝。

做事认真的女人最美丽

从工作中找到生存的意义和生命的价值，最直接的体现就是对工作认真负责。

俗话说："一分耕耘，一分收获。"自古以来，职场中人都努力实践着这条真理，并享受着认真工作带来的收获。而职场中的女人们也因着"认真工作的女人最美丽"这句话而变得越发热爱自己的工作。

但有些职业女性往往习惯了懒散，习惯了拖拉，如果没有人过问的话，工作就随心所欲。心情好了，可能做得好一些，动作快一些；没心情了，那就完全相反了。为什么会出现这种情况呢？归根结底还是性格使然，没有一个良好的性格，就很难养成良好的习惯和对待工作认真的态度。

有一个商场招聘收银员，经过筛选，有三位小姐参加复试。

复试由老板主持，当第一位小姐走进老板的办公室时，老板拿出一张一百元的钞票，要这位小姐到楼下去给他买一包香烟。这位小姐觉得自己还没有被正式录用，就被老板无端指使，将来的工作一定会有很多麻烦事，于是干脆拒绝了老板的要求，气冲冲地离开了老板的办公室。

第二位小姐走进办公室后，老板也拿出了一张一百元的钞票，要她去买一包香烟。这位小姐很想给老板留下好印象，于是爽快地答应了。可是，当她到楼下买香烟时，却被告知这张一百元的钞票是假的，没办法，她只好用自己的一百元买了香烟，又把找来的零钱全部交给了老板，对假钞的事只字未提。

第三位小姐也同样被要求去买香烟。当她接过老板递过来的一百元钞票时并没有转身就走，而是仔细地看了看钞票，马上就发现这张钞票不大对劲儿，于是很客气地要求老板另外再给她一张钞票。老板微笑着拿回了那张一百元钞票，第三位小姐被录用了。

所以说，细心、认真永远是成就工作的法宝。女人或许过多地被家庭生活所牵绊，无法拿出足够的时间和精力来细细研究工作中的问题，但是如果你能够善于利用每一分钟工作时间，认认真真地对待工作中的每一件小事，你同样可以取得成就。

若是你没有及时把这种不认真的性格改正过来，不仅会像前两位面试者一样失去工作的机会，也会给自己带来一些负面的伤害：一方面会使自己形成不好的工作习惯，工作中易于出错，而且认识不到问题的危害性、严重性，因为自己可能早就麻木了，习惯犯这些错误；另一方面是自己的形象越来越差。在别人眼里觉得你是一个小事做不好、大事做不了的人，是一个易于出错的人。久而久之，这种看法会自然蔓延、扩散，会形成定论。

很多女人抱怨自己一事无成，还不如在家相夫教子来得自在，同样的付出却得不到应有回报，心里难免气馁。然而若是你静下心来反思一番，就会找到其中的病症：并非你的付出没有回报，而是你在工作中经常处于懒散的状态，工作缺乏主动性、积极性，这归根结底，还是心态的问题，态度不端正，没有把工作摆在应有的位置。

不少女性在生活中细致入微，而工作上却马马虎虎。有时候工作中犯个小错误，出个小纰漏，自己不当回事，只是觉得是个小事，然而却没想到正是这个小失误毁掉了自己在领导心中的形象。

今天工作不努力，明天努力找工作。这句话人们已经说了很久，可是又有多少人在真正努力工作，向着自己的目标挺进呢？世界上一切事业有成的人都是乐在工作的人。乐在工作的本质就是享受工作，从工作中找到生存的意义和生命的价值，最直接的体现就是对工作的热情和专注。就像微软公司前董事长比尔·盖茨说过的："如果只把工作当作一件差事，或者只将目光停留在工作本身，那么即使是从事你最喜欢的工作，你依然无法持久地保有对工作的热情。但如果把工作当作一项事业来看待，情况就会完全不同。"

莫让急躁的性格误了前途

作为一名优秀的职业女性，要懂得扬长避短，懂得控制自己急躁的性格，要知道尊重你的同事和领导，也就是尊重你自己。

相对于男人来讲，女人是感性的，这一点无论在生活中还是工作上都表现得非常明显。大多数女人喜欢跟着感觉走，感觉好了怎么都行，感觉不好便死活不依。这种情绪化严重的性格若是在工作中不合时宜地表现出来，将会造成不可挽回的损失。

谭颖是一家大型企业的高级职员，她的能力是有目共睹的，无论是工作能力，还是文字水平，均是单位的一流水平，这一点上司也是充分肯定的。平时，谭颖的热情大方，率真自然，是比较受人欢迎的。但是，谭颖的率直和不加掩饰，在职场中有时也是个大忌。

前不久，单位提拔了一个无论是资历还是能力和业绩都不如她的女同事。谭颖很是生气，平时上司就对这位女同事特别关照，提职、加薪等好机会都想着她，好事几乎都让她承包了，眼看着处处不如自己的同事，一年之内竟然被“破格”提拔了三次，可自己的业绩明明高出她好几筹，可上司好像视而不见，只是一个劲儿地让她好好工作，而好机会总没她什么事。这次，谭颖真的恼了，她义愤填膺地跑到上司的办公室去“质问”，并义正词严地与上司“理论”起来，可上司那儿早已准备了一些冠冕堂皇的理由，尽管这样，上司还是被谭颖搞得非常狼狈。

从这以后，谭颖的情绪一度受到影响，同事也不敢轻易同她说话了。谭颖很难受，又气又急又窝火，自己怎么也想不通为什么工作干了一大堆，领导安排的工作也能高标准完成，可为什么总是费力不讨好呢？看看那位女同事，也没干出什么出色的成绩，可人家不慌不忙的总是好事不断。经过分析，虽然原因是多方面的，但最主要的一条就是谭颖犯了职场中的大忌，太急躁了。碰到事情和问题很少多想个为什么，只凭着感觉和情绪办事，只想干好工作，用业绩说话，在为人处世上太缺乏技巧了，常常费力不讨好。谭颖也想让自己"老练"和"成熟"起来，然而一碰到让人恼火的事情，她就控制不住自己的情绪，尽管事后觉得不值，但当时就是不能冷静下来。

职场女性在工作中与形形色色的人接触，难免会有各种问题产生，遇到问题就着急上火，是根本解决不了问题的，碰到恼人的事情，最好先默数十下，拼命让自己安静下来，然后再作决定。

很多事情一旦爆发，事后是无法弥补的，到时后悔也来不及了。领导之所以信任和提拔另外的同事，她一定有让领导认可的能力。这时还是要努力寻求自己的不足之处，即使有意见，也要私下里和领导讨教，而不是想发火的时候，不看时机，不看人，就乱咆哮一通。

其实在工作中，谭颖非常认真负责，反应也很迅速，有毅力，有思路，是一个合格的职业女性。她的工作成绩突出，业绩骄人，是领导和同事有目共睹的。然而，她也有个最大的弱点，就是太看重别人的看法，在考虑问题时不够理智客观，容易急躁。其实，有些事情是无须作出强烈反应的。你的情绪化不仅将原本和谐的人际关系和工作氛围搞得紧张，还可能把本来挺简单的事情变得复杂了。的确，单位调整了几次待遇，提拔了几名职员也都没有谭颖，但是领导说了，一个连自己性格都管理不好的人，如何去管理下属呢？

当然，除了像谭颖这样被急躁的性格耽误了前途的女人之外，还有一些职场女人，因为种种原因已经坐上了所谓的“领导者”位置，但是她们在巨大的工作压力下，往往性格更是暴躁异常，若是自己不注意收敛和控制，很容易会遭到员工的抱怨，说不定还会有匿名信告到上级部门。

美国著名企业家吉诺·鲍洛奇性格急躁，动不动就斥骂手下员工，员工背后都称他为“暴君”。但他具有很高的管理水准，并创立了独特的“斥骂管理术”。他的成功主要在于，他知道自己的性格弱点，因此他也允许员工和员工之间、员工与领导之间互相发脾气，畅所欲言，形成了独特的民主氛围。

这也说明，急躁的性格并不一定会成为一种缺陷，关键还是要看你怎样去使用它、驾驭它。如果你像吉诺·鲍洛奇一样，能够把“发脾气”平等化，把本来的负面情绪变成员工的发泄渠道，那么你也就无须在为自己的性格作出什么改变，但是前提是，你要拥有这样的能力。

作为一个普通的职业女性，你或许没有吉诺·鲍洛奇那样的能力，那么最好的办法就是改善自己的性格，改变自己的处世方式。在你没有找到更好的办法之前，可以试试下面几个方法：

第一，在重大行动前耐心地作好周密准备，以便心情平静地工作，时刻保持清醒的头脑。

第二，对于容易急躁的人，应具有持久不懈地克服急躁情绪的思想准备，从点滴入手，培养心境的宁静和稳定，建立一套新的行为规则，督促自己过有秩序的生活，进行有秩序的工作，培养行为的计划性、条理性，使工作充满节奏感。

第三，可以经常做些需要很大耐心和韧劲才能做好的事，如临摹绘画、解乱绳结、下棋、拼魔方等。

第四，当急躁情绪已经产生时，及时进行心理上的自我放松，暗示自己

"这件事根本就不值得着急""着急会把事情办坏"等,使冲动和急躁的心情平静下来,再从容不迫地进行工作。

人在适应社会过程中遇到这样的问题,也是非常普遍和正常的。关键是自己如何针对自身的弱点,努力弥补自己的不足之处,从而学会控制自己的情绪。当然,控制不是压抑自己的个性,而是"压制"那些冲动的、不理智的和盲目的情绪。

做女人要有不服输的性格

如今的很多女人变得自立了、强势了,不再依靠男人生存。她们可以自由行走于职场,可以按照自己的想法生活,她们不再轻易认输。

随着时代的进步,人们发现,越来越多的女性在某些时刻显得比男性还具有魄力。越来越多的女性在追求爱情时,自信、大胆,敢于付出,已经从以前消极、被动、等待的传统女性角色中走了出来。她们敢爱敢恨,尤其是工作中的白领女性不服输的性格更是令人印象深刻。

女人两个字包含着太多的意义,在人们赋予女人更多权利的同时,女人也担负起了更多的重担。一个身在职场的女人,必是事业和家庭兼顾的,女人究竟是女人,女人没有办法像男人一样,为了工作把家抛下。男人工作了一天后,有一个家,一个女人的怀抱在迎接他;而女人或许劳累了一天之后,等待她们的只是一家人的晚餐、孩子的功课和丈夫的脏衣服。然而即便如此，女人还是坚强地生活着，她们用最大的努力打理好生活，用尽全力维护自己的工作，这就是有着永不服输性格的现代女性。

有这样一个故事，故事中主人公的遭遇正如职业女性经常会面临的境况一样。

一天，一个农民的驴子掉到了枯井里。那可怜的驴子在井里凄惨地叫了好几个小时，农民在井口急得团团转，就是没办法把它救起来。最后，他断然认定：驴子已经老了，这口枯井也该填起来了，不值得花这么大的精力去救驴子。

农民把所有的邻居都请来帮他填井。大家抓起铁锹，开始往井里填土。驴子很快就意识到发生了什么事，起初，它只是在井里恐慌地大声哭叫。不一会儿，令大家都很不解的是，它居然安静下来。几锹土过后，农民终于忍不住朝井下看，眼前的情景让他惊呆了。每一铲砸到驴子背上的土，它都作了出人意料的处理：迅速地抖落下来，然后重复地用脚踩实。就这样，没过多久，驴子竟把自己升到了井口。它纵身跳了出来，快步跑开了。在场的每一个人都惊诧不已。

其实，工作就是如此。各种各样的困难和挫折会如尘土一般落到女人的头上，要想从这困境的枯井里脱身出来，办法只有一个，那就是：将它们统统都抖落在地，重重地踩在脚下。因为，工作中我们遇到的每一个困难、每一次失败，其实都是人生历程中的一块垫脚石。而拥有不服输性格的女人，会把一切压力和不如意都当作自己走向幸福的垫脚石踩在了脚下。

不知道是命运给了女人太多的压力，还是女人给自己的压力太大，总之，职场上的很多女人都活得很累，有时面对阳光感受不到温暖、面对月光感受不到温柔，偶尔抬头看见的天也是灰色的，然而即便这样，她们依然不会心灰意冷。职场女人，用自己不服输的精神勇敢地面对命运。

李白说天生我材必有用，希望所有的女人都能用永不服输的性格对待生活的磨难和工作的考验。在人生的旅途上，去发现自己的闪光点，扬长避短，确定目标，努力进取，向着自己的梦想前进，这才是拥有不服输性格的现代女性谋取幸福人生的轨迹。

职场中的女人在乎什么

过度在乎的性格，让女人完全失去了最初的快乐，不是在乎不好，只是在乎的对象错了。

有这么一个故事：

在暴风雨过后的一个早晨，一个男人来到海边散步。他一边沿海边走着，一边注意到，在沙滩的浅水洼里，有许多被昨夜的暴风雨卷上岸来的小鱼。它们被困在浅水洼里，回不了大海，虽然大海近在咫尺。被困的小鱼，也许有几百条，甚至几千条。用不了多久，浅水洼里的水就会被沙粒吸干，被太阳蒸干，这些小鱼都会干死的。

男人继续朝前走着。他忽然看见前面有一个小女孩，走得很慢，而且不停地在每一个水洼旁弯下腰去——她在捡起水洼里的小鱼，并且用力把它她扔回大海。这个男人停下来，注视着这个小女孩，看她拯救着小鱼们的生命。

终于，这个男人忍不住走过去：“孩子，这水洼里有几百几千条小鱼，你救不过来的。”

“我知道。”小女孩头也不抬地回答。

“哦？你为什么还在扔呢？谁在乎呢？”

“这条小鱼在乎！”女孩一边回答，一边拾起一条鱼扔进大海。“这条在乎，这条也在乎！还有这一条、这一条、这一条……”

这个小女孩的善良深深地打动了男人的心，若这名男子是一个公司的领导，这名女孩是公司的员工，那么这个女孩一定会因为自己的善良和对小鱼的在乎而得到领导的赏识，因为这个领导知道，她有的不仅仅是一颗善良的心，还有一种在乎的性格，这种在乎是对每一项工作的在乎，对每一个细节的认真……

做人要在乎，对待工作更要在乎，不仅在乎自己的工作，更要在乎他人的劳动成果。不能因为老板交代的事小，就做得马马虎虎，不能因为大局已经无可挽回，就放弃努力，正如那个小女孩说的“这条小鱼在乎”。

所以，做人不一定要顶天立地、轰轰烈烈，但一定要善良真诚。除此之外，如果你拥有一种叫做“在乎”的性格，你将比别人更容易成功。当然，任何事都要分两面看，在乎固然好，而在乎过了头却可能顾此失彼、丢失本心。

在众多的兔姐妹中，有一只白兔独具审美的慧心。她爱大自然的美，尤爱皎洁的月色。每天夜晚，她都来到林中草地，或是无忧无虑地嬉戏，或是心旷神怡地赏月。她不愧是赏月的行家，在她的眼里，月的阴晴圆缺无不各具风韵。

于是，诸神之王召见这只白兔，向她宣布了一个慷慨的决定：“万物均有所归属。从今以后，月亮归属于你，因为你的赏月之才举世无双。”

白兔仍然夜夜到林中草地赏月。可是，说也奇怪，从前闲适的心情一扫而光了，脑中只有一个念头："这是我的月亮！"她牢牢盯着月亮，就像财主盯着自己的金窖。乌云蔽月，她便紧张不安，唯恐宝藏丢失；满月缺损，她便心痛如割，仿佛遭了抢劫。在她的眼里，月阴晴圆缺不再各具风韵，反而险象迭生，勾起了无穷的得失之患。

这只白兔从无忧无虑地赏月，到后来患得患失地守月，展示出了她因为目的不同而产生了两种截然相反的心境。很多职场女人和这只兔子是一样的，最开始可能只是为了生存，找个糊口的工作，而做到最后却变成了只在乎利益得失，只追求名利的势力者。

这种过度在乎的性格，让女人完全失去了最初的快乐，不是在乎不好，只是在乎的对象错了。

在很多时候，女人所有的苦难与烦恼都是自己过度在意造成的，什么是庸人自扰之，这就是。跳出过度在乎的怪圈，你就不会为竞争失败、商场失手、情场失意而颓废；也不会为名利加身、赞誉四起而得意忘形。克服过度在乎的性格弱点，是一种突破、一种解脱、一种超越、一种高层次的淡泊宁静，从而获得自由自在的乐趣。

在乎，是一种关心和认可，是女人性格中透出的丝丝甘泉，千万不要让欲望污染了这清澈的泉水，不要让过度的在乎束缚住你本来闲适的心情。性格有时可以自己掌握，只看你对这个繁华世界的诱惑有多少在乎。

女人职场性格大修炼

每个人都有各自独特的性格，每种性格都有一定的合理性和适应性。

世上每个人都有自己的性格，而这些性格有的对于身处职场的女人来说，是万万要不得的。都有哪些性格不利于女性职业生涯的发展呢？

自以为是：自以为是的女人，一般都处理不好与周围人的关系。与人处不好关系，就不能形成长久的合作。与人合作不好，怎么能成大事？

自满：总认为自己是最好的，甚至认为自己应该成为别人效仿的标准。这种女人不屑与外界来往，她们根本不知道社会进步到什么程度，怎么可能有更高的追求呢？

保守：这种女人的生活全凭过去的经验，没人走过的路她不敢走，没人做过的事她不敢做。她也许早已经看到自己的现状不如别人，甚至差得很远。但她们不是去迎头赶上，而总是想到马失前蹄。因此，新的东西没有得到，旧的东西反而丢失了。

怯懦：这种女人主要的特点不是恋旧，而是胆小，总是怕这怕那。哪一种成功不冒风险呢？

懒惰：一是身体懒惰，二是大脑懒惰。身体懒惰的女人光想不干，大脑懒惰的女人光干不想。身体懒惰的女人每次想的都是不同的问题，说不准还会有些新的思想和念头，但什么都不干；大脑懒惰的女人一辈子干的都是同样的工作，但从来不考虑改变什么，这两种懒惰一般很少出现在一个人身上。

狭隘:一是心胸狭隘,二是视野狭隘,三是知识结构狭隘。狭隘的女人一般都有严重的自恋情结,这种性格的女人也很难与他人和社会相处,并且最容易伤害人,是天生的失败者。

自私:不想奉献,只想占便宜,这种女人最终不会获得成功和财富,而只能拥有自己——形影相吊,顾影自怜。

消极:消极的女人往往给人一种不慕名利的虚假印象,但其实是极度消极的心态。什么都不想,什么也不去做。即使有再强的能力,终生也将一事无成。更可怕的是她却自认为很聪明,什么都能看透,因而看不起别人。

冲动:这种女人往往多情。一冲动起来就随便许诺,信口开河。但许诺不能兑现,会极大地损害自己的信誉;而一旦轻率地泄露了自己的秘密,别人就会乘虚而入。冲动还有一个缺点是轻易作决策,这种轻率的行为本身很可能就是失败——根本不需要等到结局发生。

不论你是否具有以上的性格缺点,但了解总不是坏事,因为回避恶习是成长的责任。

那么,怎样的性格才是职场需要的呢? 专家为我们总结了以下几点:

近年来,一些教育学家和心理学专家将职业性格分为9类,可在选择职业时作为参考。

变化型:这些人在新的和意外的活动或工作环境中感到愉快,喜欢经常变换职务的工作。他们追求多样化的活动,善于转移注意力和工作环境。适合从事的职业类型有:记者、推销员、演员等。

重复型:这些人喜欢连续不停地从事同样的工作,喜欢按照机械的或别人安排好的计划或进度办事,喜欢重复的、有规则的、有标准的职业。适合从事的职业类型有:印刷工、纺织工、机床工、电影放映员等。

服从型:这些人喜欢按别人的指示办事,不愿自己独立做出决策,而喜欢让他人对自己的工作负责。适合从事的职业有:办公室职员、秘书、翻译等。

独立型:这些人喜欢计划自己的活动和指导别人的活动,在独立的和负有职责的工作环境中感到愉快,喜欢对将要发生的事情作决定。适合从事的职业类型有:管理人员、律师、侦察员等。

协作型:这些人在与人协同工作时感到愉快,想得到同事们的喜欢。适合从事的职业类型有:社会工作者、咨询人员等。

劝服型:这些人喜欢设法使别人同意他们的观点,一般通过谈话或写作来达到目的。对于别人的反应有较强的判断力,且善于影响他人的态度、观点和判断。适合从事的职业类型有:辅导人员、行政人员、宣传工作者、作家等。

机智型:这些人在紧张和危险的情境下能很好地执行任务,在危险的状况下能自我控制和镇定自如,能出色地完成任务。适合从事的职业类型有:驾驶员、飞行员、公共安全专家员、消防员、救生员等。

好表现型:这些人喜欢能够表现自己的爱好和个性的工作环境。适合从事的职业类型有:演员、诗人、音乐家、画家等。

严谨型:这些人喜欢注重细节,按一套规则和步骤将工作尽可能做得完美。倾向于严格、努力地工作,以便能看到自己付出努力后完成的工作效果。适合从事的职业类型有:会计、出纳员、统计员、校对员、图书档案管理员、打字员等。

对于性格来说,它作为人的一种心理特性具有一定的稳定性,但又不是一成不变的,客观环境的变化和个人的主观调节都会使性格发生改变,所以性格与职业生涯的顺应也并非绝对,而是具有一定弹性的。

性格与行业从宏观角度讲联系并不密切，而性格与职业却有着直接的联系。人在性格基础上接受的教育不同，人生观也不同，所以基于性格的兴趣、爱好也就不同，或多或少会受环境的影响。每个人都有各自独特的性格，每种性格都有一定的合理性和适应性。我们无法选择父母赋予我们什么样的性格，但是，我们可以根据自身的性格特点，在工作中扬长避短，发挥自己最大的价值。

参考文献

[1] 宿春礼,熊永鑫.性格决定命运全集[M].哈尔滨:黑龙江科学技术出版社,2007.

[2] 吴淡如.性格决定幸福[M].南昌:二十一世纪出版社,2008.

[3] 吴维库. 阳光心态[M].北京:机械工业出版社,2006.

[4] 李欣频.十四堂人生创意课[M].北京:电子工业出版社,2008.

[5] 李开复.做最好的自己[M].北京:人民出版社,2005.